AC

Architecture China

ARCHINA 建筑中国 编

建筑
建中国
（下册）

广西师范大学出版社
·桂林·

▶ 目录

▶ 办公建筑

深圳地铁长圳综合楼

▶ **设计公司：**毕路德建筑顾问有限公司
主创建筑师：杜昀、刘德良
施工图设计：中铁二院工程集团有限责任公司
项目地点：广东，深圳
完成时间：2021 年
总建筑面积：67 278 平方米
项目摄影：方健

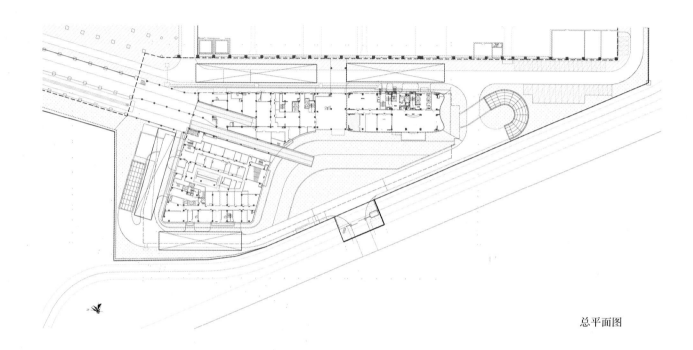

总平面图

深圳地铁长圳综合楼是深圳市地铁集团为满足地铁六号线工作人员办公和住宿需求而建造的项目。深圳是一座充满活力和创新精神的年轻城市，而深圳市地铁集团是伴随深圳市成长起来的标杆企业，在对城市未来的轨道交通和交通建筑建造方面有着很强的创新精神，所以，解读深圳这座城市独特的地铁文化和精神是设计前的必要功课。而如何将地铁文化与这座现代化城市的未来面貌相结合，并有效规避所处场地的各种限制性因素，成了该项目的重大挑战。

设计旨在满足功能需求的前提下，挖掘和演绎地铁文化，令该建筑成为提升和展示深圳地铁文化形象的创新标杆。设计灵感来源于地铁的文化及形象标志，将"线性、速度、串联"的地铁特征进行建筑形态及空间场所的演绎呈现。建筑整体效果不仅给人动感却不乏优雅的视觉冲击力，还很好地扮演了城市地铁形象标志的角色。

建筑的形态通过横向线条的连接和秩序美感来营造愉悦的视觉效果，而建筑立面采用白色铝板以及超白玻璃幕墙来展示地铁列车的速度感和现代感。

地块总体规划包含办公楼、食堂、库房、汇报厅、室内羽毛球场、员工宿舍以及当地派出所办公楼。地块以试车线和镟轮库为界分为东西两部分，西侧地块的展示效果更强，因此在此做高层综合楼更符合"标志性建筑"的要求，而有一定独立性功能的宿舍与派出所建筑附属体块则设置在东侧地块。两部分既有联系，又相对独立。同时，为了塑造优雅灵动的建筑形象，设计还调整了原方案中综合楼和宿舍的建筑体块的比例和功能区域，增加了综合楼的建筑面积和高度，使建筑更加挺拔而富有动感。

▼ 拓展阅读

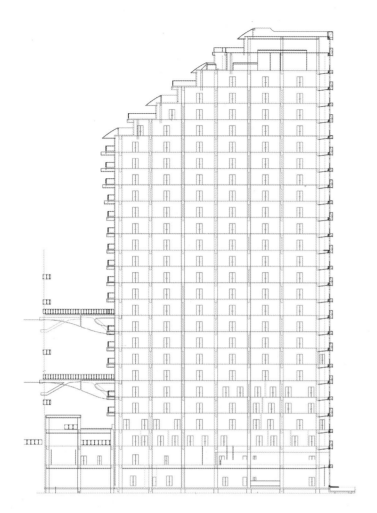

综合楼剖面图

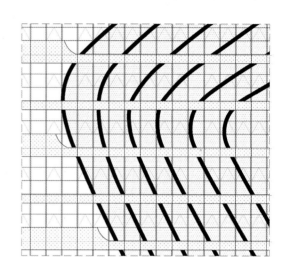

综合楼幕墙大样

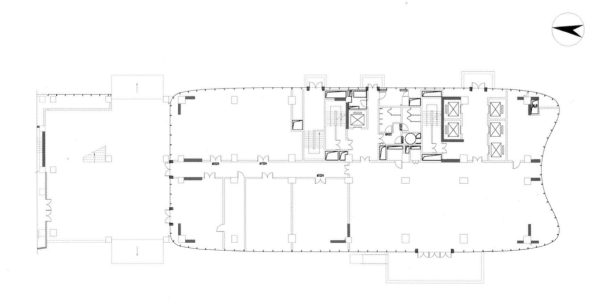

综合楼一层平面图

竖明横隐玻璃幕墙
6 双银 LOW-Et12At6mm 风钢化中空玻璃（超白）

铝单板幕墙
3.0mm 厚铝单板

竖明横隐玻璃幕墙
6 双银 LOW-Et12At6mm 风钢化中空玻璃（超白）

铝单板幕墙
3.0mm 厚铝单板

铝单板幕墙
3.0mm 厚铝单板
铝单板幕墙
3.0mm 厚铝单板

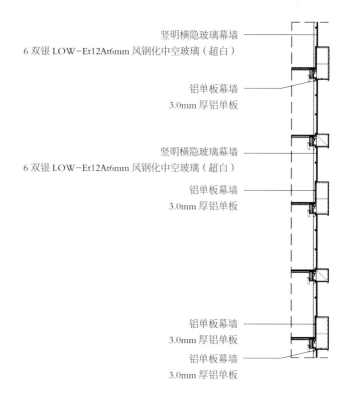

局部剖面图

上海大零号湾科创大厦

▶ **设计公司：** 立木设计

主创建筑师： 刘津瑞

施工图设计： 华建集团上海建筑设计研究院

项目地点： 上海

完成时间： 2021 年

场地面积： 10 000 平方米

总建筑面积： 地上 10 440 平方米；地下 10 000 平方米

项目摄影： 史培生、朱清言

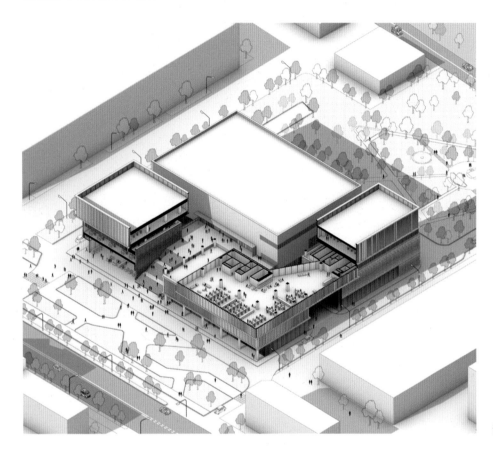

剖轴测图

上海大零号湾科创大厦是一个公共服务平台，涵盖公共服务、产权交易、会议会展、人才服务和孵化器等功能。基地位于上海剑川路与北侧铁路的夹缝地带，由原剑川工业园地块升级改造而成。这座优雅开放的建筑改变了原本剑川路沿线消极的街道界面，成为引领上海南部科创升级的新引擎。

设计遇到的最大挑战来自外部，剑川路沿线货运交通繁忙，阻断了基地与对面的上海交通大学和零号湾（全球创新创业集聚区）的交流，同时周边其他工业园区尚未启动城市更新。作为该片区城市更新的首批项目，上海大零号湾科创大厦需要在相对混乱的城市基底中创造一个适合人们停留、办事、交流的公共场所。

基地仅有一侧朝向外部道路，但上海大零号湾科创大厦的功能属性要求建筑包含十几种相对独立的功能及其相应的入口，其中不乏占总建筑面积 40% 的大型会议中心。因此，设计先以一组大台阶将主要的活动引入二层平台，将单一平面上的布局排列为三维立体布局，再以 T 形内院扩大建筑界面，使具备入口条件的区域增加了 3 倍。

周边景观的匮乏使得建筑前广场上的城市绿化带显得弥足珍贵，而二层以上是观看风景的最佳视角，所以三层的小露台、四层的连续研发办公室都因风景而产生。从相对混杂的剑川路上望去，树冠之上，是一个风景的舞台。

▼ 拓展阅读

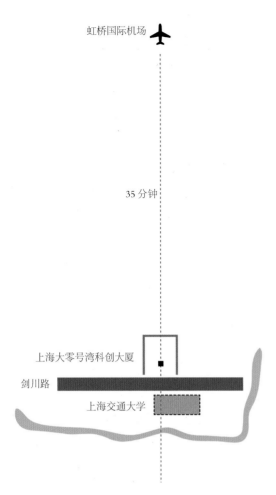

虹桥国际机场 ✈

35 分钟

上海大零号湾科创大厦

剑川路

上海交通大学

区位分析

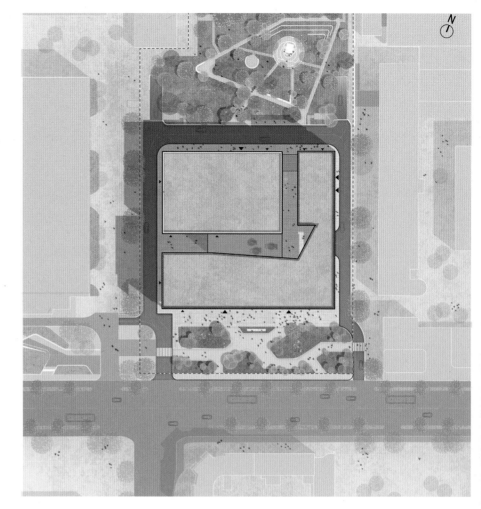

总平面图

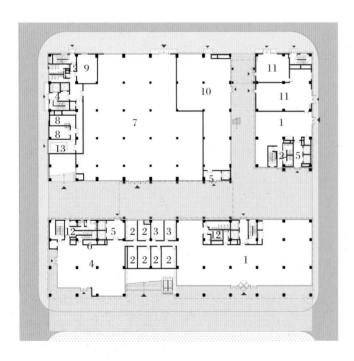

一层平面图

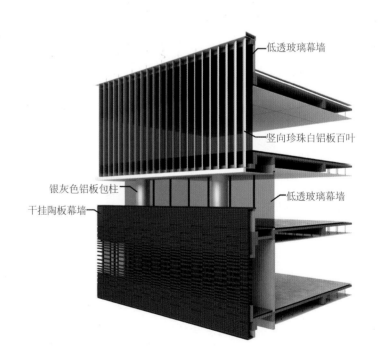

低透玻璃幕墙

竖向珍珠白铝板百叶

银灰色铝板包柱

低透玻璃幕墙

干挂陶板幕墙

墙身大样

1 服务大厅	6 储藏间	11 变电所
2 备用间	7 陈列厅	12 卫生间
3 办公室	8 垃圾房	13 停车位
4 门厅	9 新风机房	
5 电梯厅	10 备餐间	

体块生成图

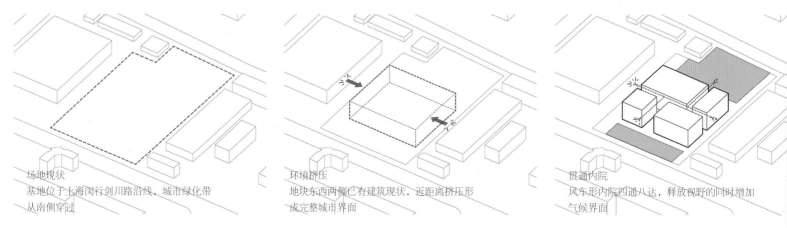

场地现状
基地位于上海闵行剑川路沿线，城市绿化带
从南侧穿过

环境挤压
地块东西两侧已有建筑现状，近距离挤压形
成完整城市界面

贯通内院
风车形内院四通八达，释放视野的同时增加
气候界面

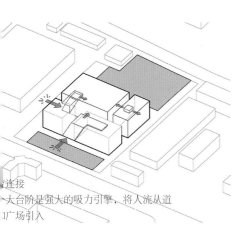

连接
大台阶是强大的吸力引擎，将人流从道
广场引入

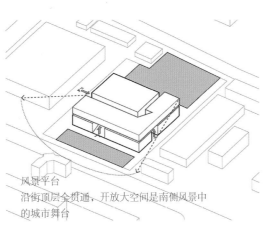

风景平台
沿街顶层全贯通，开放大空间是南侧风景中
的城市舞台

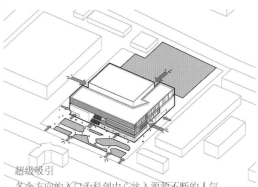

超级吸引
各个方向的入口为科创中心注入源源不断的人气
活力，凹凸的立面变化是城市公共性的抽象呈现

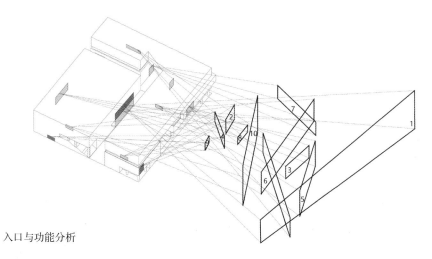

入口与功能分析

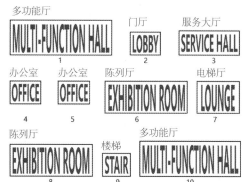

多功能厅
MULTI-FUNCTION HALL
1

门厅
LOBBY
2

服务大厅
SERVICE HALL
3

办公室
OFFICE
4

办公室
OFFICE
5

陈列厅
EXHIBITION ROOM
6

电梯厅
LOUNGE
7

陈列厅
EXHIBITION ROOM
8

楼梯
STAIR
9

多功能厅
MULTI-FUNCTION HALL
10

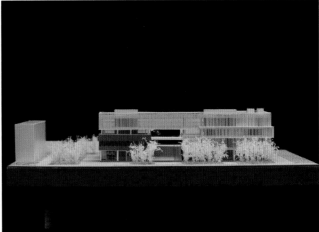

上海城创金融科技国际产业园

▶ 设计公司：CPC 建筑设计
主创建筑师：邱江、朱晓宁、韩强
项目地点：上海
完成时间：2020 年
场地面积：27 000 平方米
总建筑面积：120 000 平方米
项目摄影：是然建筑摄影

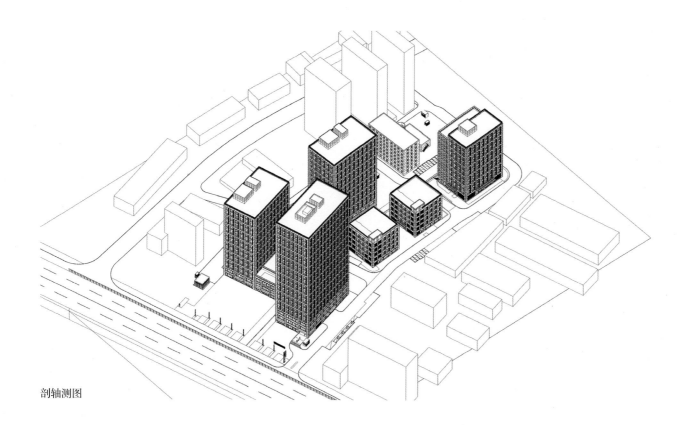

剖轴测图

项目地块位于虹口区北部大柏树知识创新与服务贸易圈，紧邻三所大学，处于五角场城市副中心商圈内，紧贴中环高架路，同时受三条轨道交通辐射。如何利用周边的人文与科技资源打造花园式城市科创综合体，为身处其中的人们创造无限的空间体验，为区域发展提供产业创新动力，是设计的出发点。

在深入分析项目地块形状及现存建筑条件的基础上，设计师建议办公大楼、商业设施的布置与城市结构相融，通过开放空间与城市空间相互连通，使得整个社区与周边的环境融为一体，和整个城市规划融为一体，同时以"打造花园式办公环境和活力宜居社区"为基本理念，精心组织内部功能、交通与环境，以人性化的设计，构筑宜人的公共空间。

总体立面设计提取人文与科技基因，融入斐波那契数列，通过统一的手法，呈现一个组群的立面效果，打造经典美学特征，提升整体形象。高层立面划分以竖向两层为一个基本单元，使建筑整体肌理规则地变化。

最高建筑 1 号楼位于地块北侧，沿中环邯郸路，为城市带来富有标志性的形象，而建筑组群的出现，使城市天际线高低错落。

此外，设计团队还推敲了建筑形体的长宽比例，在取得恰当形体关系的同时也兼顾了平面的使用效率，提升了建筑空间的使用率和使用价值。

▼ 拓展阅读

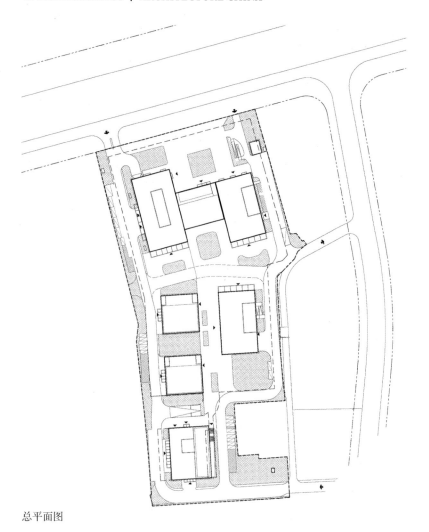

总平面图

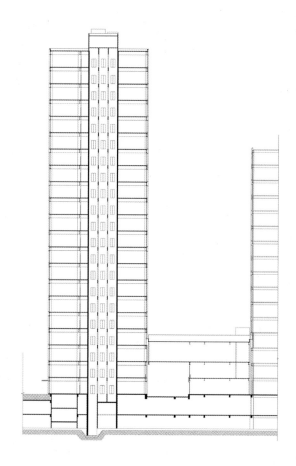

剖面图

一层平面图

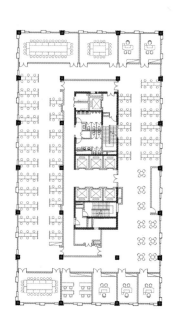

标准层平面图

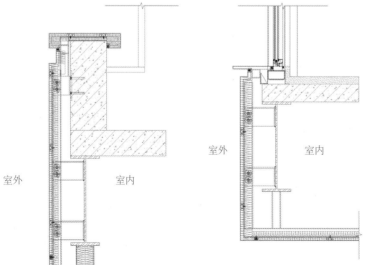

构造细部

南京生态科技岛新纬壹科技园

▶ **设计公司：** 美国 NBBJ 建筑设计公司

主创建筑师： 杰伊·西本摩根（Jay Siebenmorgen）

施工图设计： 江苏省建筑设计研究院股份有限公司

合作设计： 十聿照明设计公司（室内）、金螳螂（照明）、Scape 事务所（景观）、诗加达景观设计公司（景观）

项目地点： 江苏，南京

完成时间： 2020 年

场地面积： 134 000 平方米

总建筑面积： 展厅 24 000 平方米，科研办公 62 000 平方米

项目摄影： 保罗·丁曼（Paul Dingman）、张虔希（Terrence Zhang）、邵峰

剖轴测图

南京生态科技岛新纬壹科技园坐落于长江之中，距离市中心仅 6.5 千米，与新的中央商务区隔桥相望，力求助力南京的经济发展和所在地区未来的可持续发展事业。新纬壹科技园的设计目标是成为南京市的高科技创新实践中心，以及市民与游客的生态休闲目的地，同时提供一系列混合用途空间，包括服务于科研孵化器和环保公司的办公建筑，以及一个文化空间和一条公共步道。

展馆处在园区的门户位置，屋顶轮廓线极具戏剧感，这是访客自市区抵达科技岛之时对这座园区的第一印象。屋顶上的八个峰形尖角象征着临近的钟山和石山，每个峰尖均设有圆形开口或"导光口"，将自然光引入大楼内部。导光口的概念在八栋五角形办公科研楼的设计中得到了放大——建筑群的共同特色是设有大型内部庭院和景观屋顶。

科研楼的规模覆盖了大、中、小三个尺度，建筑形态深受该地区传统中国建筑的启发，屋檐高低错落，或降回地面，或扶摇而起——飘浮于天地之间。此外，周围连绵起伏的景观用来容纳咖啡厅和零售商业等空间，其有机形态是基于树木枝蔓的天然构造。

可持续性与设计实践是该项目的一大亮点，其采取的可持续性设计策略包括优化场地融合、日照采集、自然材料应用、水资源回收与过滤等。此项目正在争取获得中国绿色三星等级认证。

▼ 拓展阅读

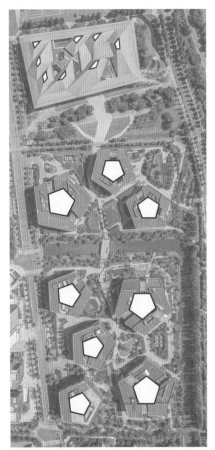

总平面图

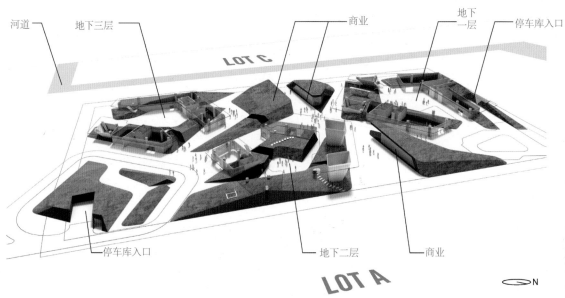

河道　　地下三层　　　　　　　商业　　　　　　地下一层　　停车库入口

LOT C

LOT A

N

停车库入口　　　　　　　地下二层　　　　商业

分析图

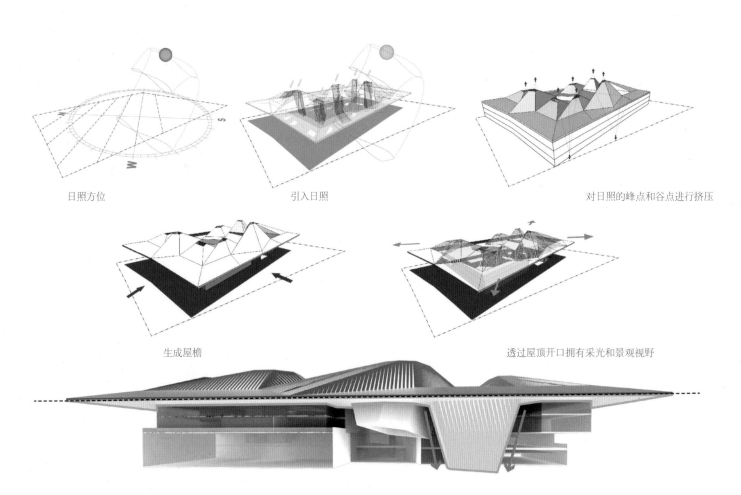

日照方位　　　　　　引入日照　　　　　　对日照的峰点和谷点进行挤压

生成屋檐　　　　　　透过屋顶开口拥有采光和景观视野

展览厅设计概念

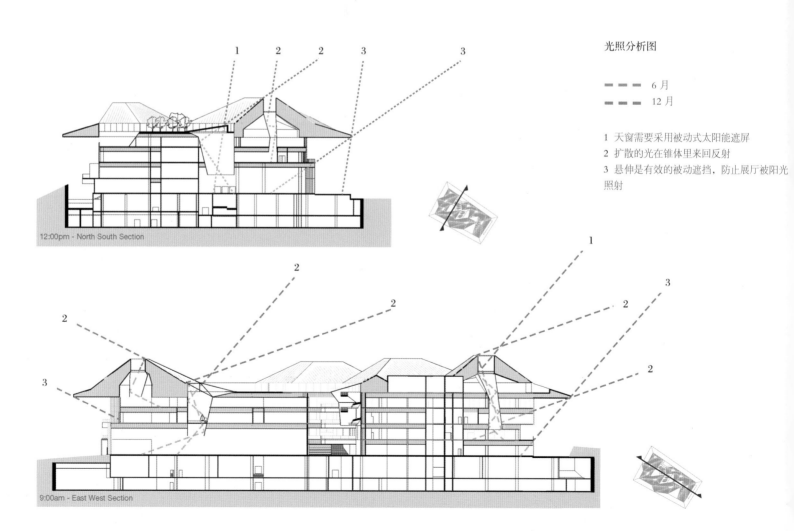

光照分析图

- - - - 6 月
- - - - 12 月

1 天窗需要采用被动式太阳能遮屏
2 扩散的光在锥体里来回反射
3 悬伸是有效的被动遮挡，防止展厅被阳光照射

12:00pm - North South Section

9:00am - East West Section

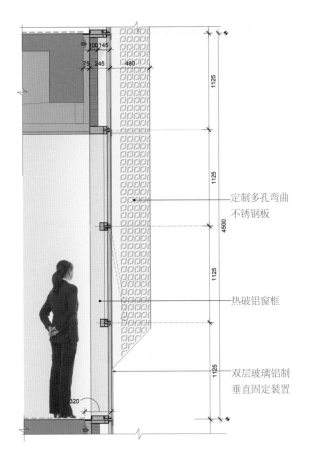

定制多孔弯曲
不锈钢板

热破铝窗框

双层玻璃铝制
垂直固定装置

外墙细节图

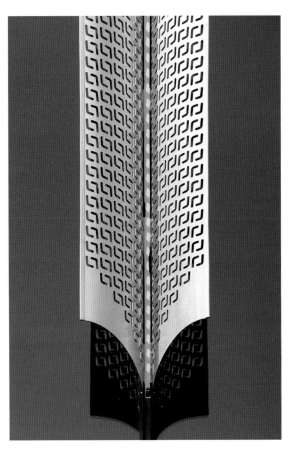

上海浦东民生码头 E15-3 街区

▶ **设计公司**：EID Arch 姜平工作室
  主创建筑师：姜平
  合作设计：上海天华建筑设计有限公司
  项目地点：上海
  完成时间：2021 年
  场地面积：9640 平方米
  总建筑面积：38 240 平方米
  项目摄影：是然建筑摄影、胡义杰

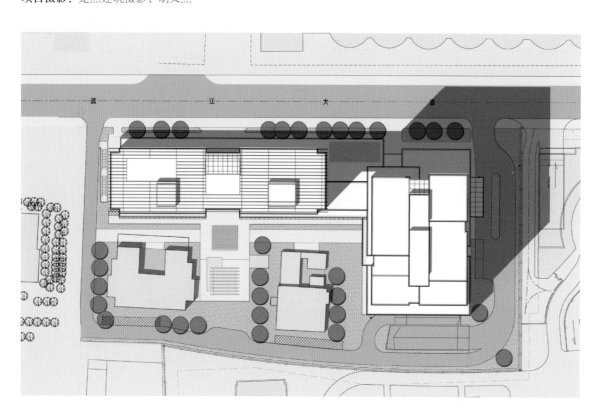

总平面图

该项目位于上海浦东民生码头，基地是一个条件极为特殊的 L 形地块，西北侧是极具震撼力的工业遗产——80 000 吨筒仓改造项目，而 L 形地块退让出的空间则是三幢低矮的历史文物建筑。项目以建造黄浦江沿岸甲级办公楼及服务式配套商业为设计目标。

其设计雄心并不在于突出展现一个吸睛的奇观建筑，而是要以沉静地方式忠实地讲述一个新建筑融入城市文脉的故事：建筑的体量被消解为一系列交错的玻璃盒子，与周边的筒仓工业遗址和文物建筑群产生新旧对话，这些盒子之间的空隙则成了绝佳的公共空间。

设计从所处环境入手，深入理解浦江、筒仓和历史文物建筑，试图糅合不同年代与历史条件背景下城市的差异性，消解"年代"与"当代"的对话冲突。设计运用适合于当代技术条件的设计语言，以东高西低的姿态适应周边强势建筑的体量关系，将塔楼化为四个竖向的体量，与筒仓的意象形成对话；通过建筑表皮细节的语汇表达，形成细腻柔性的美感，传达精致沉静的美学价值观。售楼处的设计探索了筒仓外部造型与内部空间的几何关系，并通过现代的建筑材料语言加以重新演绎。圆形的空间主题结合功能分区与动线形成了独特的四叶草造型。

建筑群房为呼应城市尺度，化解为更小的体量，并在中段形成空隙，从流线和空间关系上联系南北两侧的场地。裙房首层通过对混凝土的使用，从材料性上回应周边历史建筑。而格栅和立面上竖向元素的应用，则呼应了筒仓的竖向语汇，并创造了贴近人体感受的细腻尺度。

▼ 拓展阅读

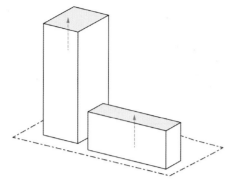

1 根据基地条件和任务书要求确定塔楼与裙房体量范围

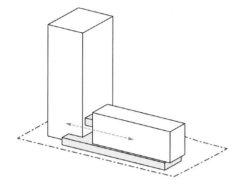

2 通过首层商业及四层空中连廊加强塔楼与裙房的联系

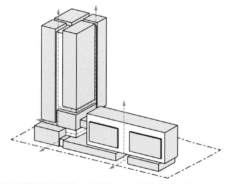

3 通过消解体量塑造出多样的中庭及户外平台共享空间

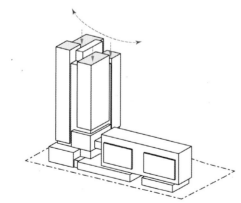

4 面向陆家嘴方向设置错落的屋顶露台，塑造出独特的天际线

体块分析

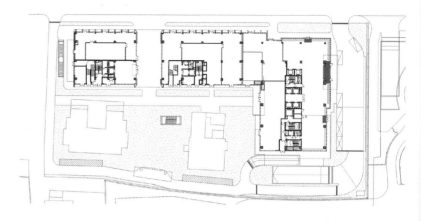

一层平面图

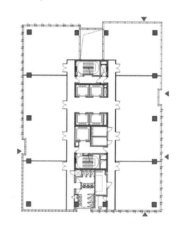

标准楼层平面图

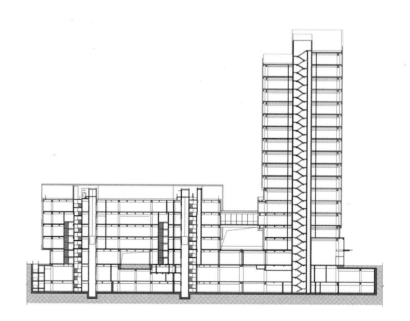

剖面图

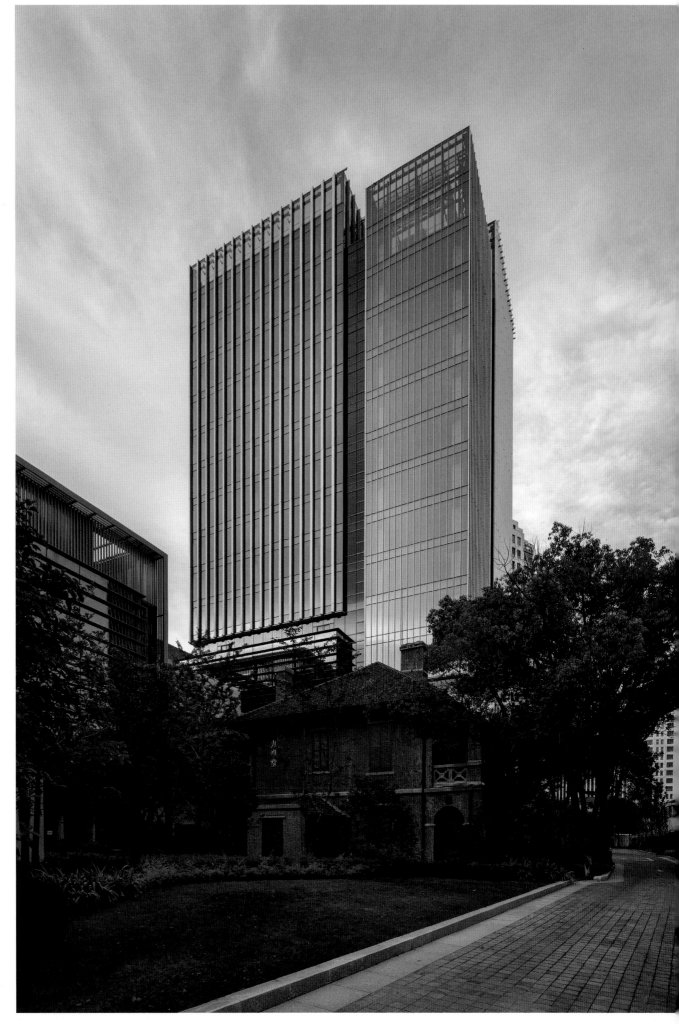

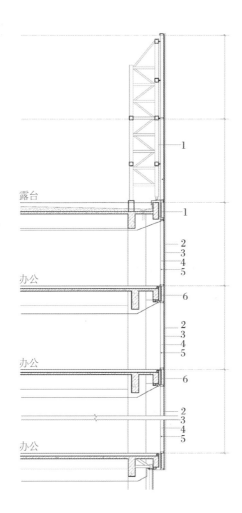

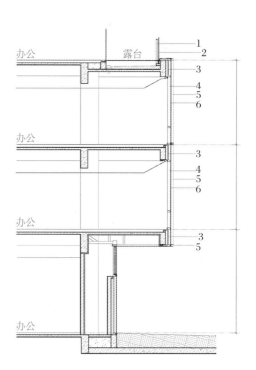

露台

办公

办公

办公

办公

露台

办公

办公

办公

墙身剖面　　1 深灰色喷涂钢结构
　　　　　　2 白色铝型材装饰条
　　　　　　3 单夹胶中空玻璃
　　　　　　4 深灰色铝型材竖框
　　　　　　5 铝型材防护栏杆
　　　　　　6 深灰色铝板背板

墙身剖面　　1 深灰色不锈钢栏杆
　　　　　　2 防护玻璃栏板
　　　　　　3 深灰色铝板背板
　　　　　　4 深灰色铝型材竖框
　　　　　　5 白色铝型材装饰条
　　　　　　6 单夹胶中空玻璃

上海市北壹中心

▶ 设计公司：华通设计顾问工程有限公司
主创建筑师：洪柏
项目地点：上海
完成时间：2020 年
场地面积：49 881 平方米
总建筑面积：209 557 平方米
项目摄影：肖凯雄

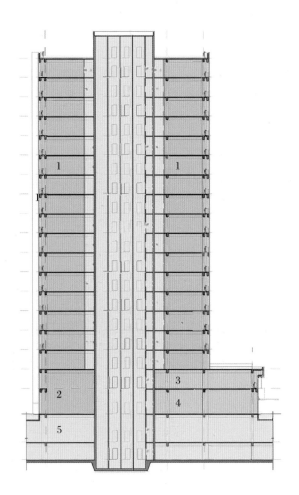

1 办公室
2 办公大堂
3 商业
4 商业大堂
5 地下车库

剖面图

上海市北壹中心位于上海市北高新技术服务业园区 4 号地块，总用地面积约为 49 881 平方米。项目以营造办公、生产和生活环境为目标，形成企业商务、通信电子、研发设计和服务外包等产业的集群式发展，积极顺应入驻企业发展需求，优化配套设施和生活设施，完善产业服务和平台建设，形成独具特色的园区服务体系。

项目的规划愿景是"四低一高"，即低楼层、低密度、低容积率、低成本、高绿化率。园区同时要求人车流线分离，打造步行街区，在沿河面处打造多层次水体景观观景平台。

项目的主要功能包括沿街商业、办公、休闲餐厅和地下停车库，其中有两栋高层办公楼、八栋多层办公楼和一栋配套商业。整个建筑群空间布局丰富，沿城市主要道路形成高低错落的天际线。在地块内部，各多层建筑围合出景观丰富的内部庭院，体现了建筑、室内、景观和谐统一的空间关系。在工程技术创新上，项目采用装配整体式框架 – 现浇核心筒结构体系，有效减少了建筑污水、粉尘的排放，降低了施工对周边环境的影响。

▼ 拓展阅读

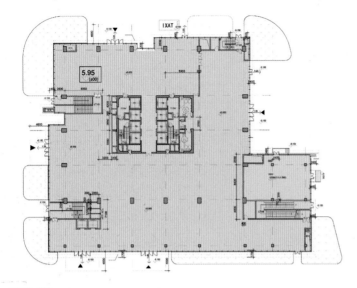

一层平面图

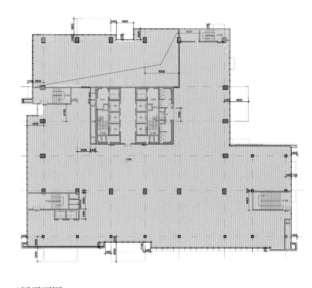

二层平面图

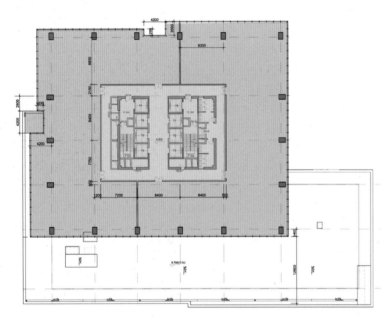

三层平面图

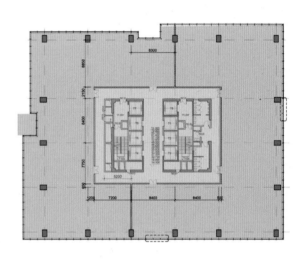

四至十八层平面图

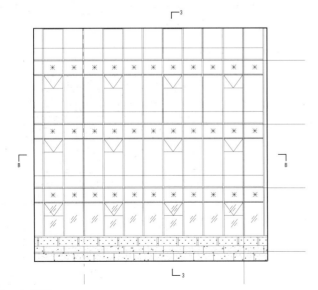

细节图

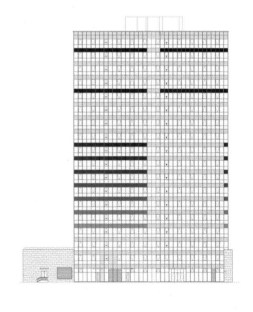

立面图

奥体万科中心

▶ 设计公司：LWK + PARTNERS
主创建筑师：张家豪
项目地点：浙江，杭州
完成时间：2020 年
场地面积：13 969 平方米
总建筑面积：95 521 平方米
项目摄影：LWK + PARTNERS

手绘图

奥体万科中心位于杭州市钱江世纪城中心商业区，傲居逐渐成形的亚运村门户位置，由两栋塔楼和一座裙楼组成。项目作为一个创新办公枢纽，不但响应了混合办公模式的未来趋势，更挑战了传统办公空间的一贯做法，将人们的活动范围向户外延伸，结合半户外空间的特性，创造流动而通透的空间新体验。

项目的设计重新演绎了"裙楼＋塔楼"的建筑形式，不但将裙楼从地面抬高，更对每层进行了不同程度的旋转，做出各式各样的步行空间。设计师通过精心布置功能及景观空间，模糊工作与生活的边界，布局新世代的智慧城市生活模式，鼓励人们互动交流，创造可持续发展价值。环形的裙楼部分从地面升高，打造露天中央庭院，裙楼顶层是半开放空中花园，成为连接两栋塔楼的桥梁，强调建筑之间的共生关系，并提供绿意盈盈的社交场所。架空层也

形成了双层通高有盖通道，接通地块南北两端，使整个项目更人性化，为大楼的用户以及周边社区带来更好的空间体验。

传统办公建筑通常让大堂占据其心脏位置。奥体万科中心一改常规做法，破格以中央庭院取代中心入口位置，大堂向两边后退以腾出城市绿化空间。中央庭院由两层商业空间围绕，提供零售、餐饮及展览设施，沿街道延伸，增加临街商店立面。独特的立体空间设计有助于引导并聚集人流到庭院内，而位于中心位置的论坛空间为人们提供了积极交流的互动环境。

此外，整个项目具有多层绿化空间，采取以自然生态为导向的平衡之道。

▼ 拓展阅读

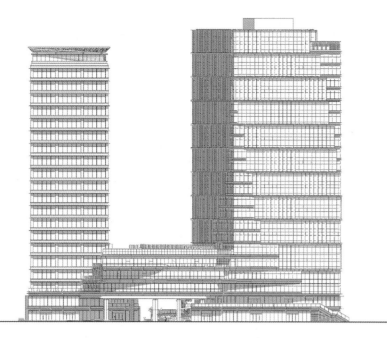

立面图

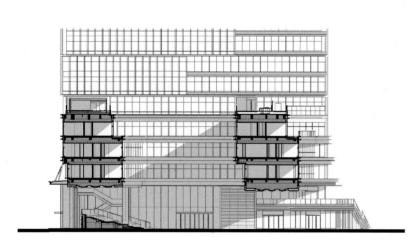

剖面图

建筑分析

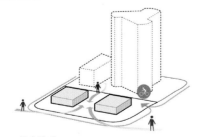

1 行人流动
确立基地与周边街道的流动性

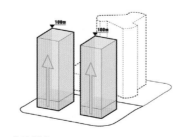

2 体块形成
高度限制形成两栋塔楼布局

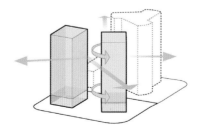

3 塔楼转动
转动塔楼以获得最优景观

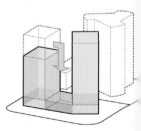

4 连接体块
以公共设施连接塔楼

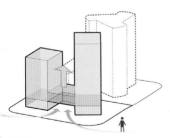

漂浮裙楼
高裙楼以融合中庭与街道空间

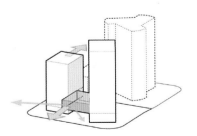

6 横向移动
体块错开，与周边环境对话

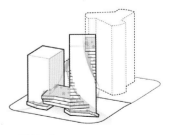

7 螺旋扭动
形成一系列室外绿化空间

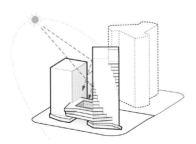

8 中央庭院
阳光照进中央庭院，空气对流四通八达

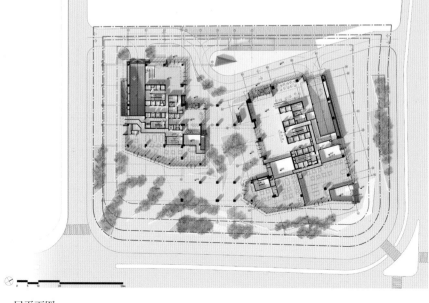

一层平面图

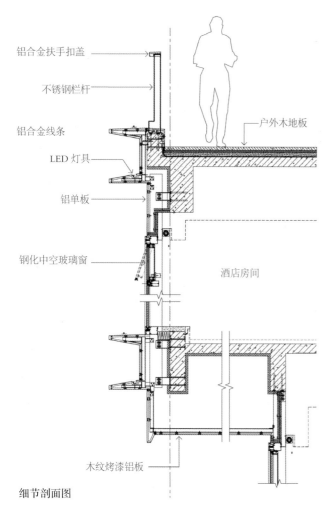

铝合金扶手扣盖

不锈钢栏杆

铝合金线条

LED 灯具

铝单板

钢化中空玻璃窗

户外木地板

酒店房间

木纹烤漆铝板

细节剖面图

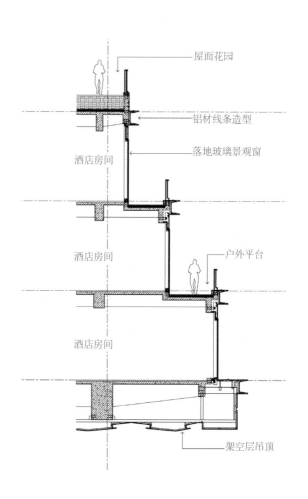

屋面花园

铝材线条造型

落地玻璃景观窗

酒店房间

酒店房间

户外平台

酒店房间

架空层吊顶

唯品会总部大厦

▶ 设计公司：gmp 建筑师事务所
主创建筑师：曼哈德·冯·格康（Meinhard van Gerkan）、施特凡·胥茨 (Stephan Schütz)、尼可拉斯·博兰克 (Nicolas Pomränke)
合作设计：广州市设计院
项目地点：广东，广州
完成时间：2020 年
场地面积：13 584 平方米
总建筑面积：165 000 平方米
项目摄影：清筑影像（CreatAR Images）

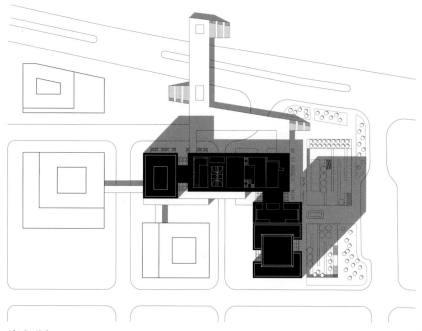

总平面图

　　唯品会作为一个极富活力、管理层级扁平化的企业，对办公空间的要求更加趋向于空间的灵活性。他们亟须一个可依据不同组织架构进行快速调整和改建的办公空间解决方案。

　　建筑师对城市设计的初步要求做出了回应，但并不是单纯地依据街道走向设置三座独立的塔楼，而是强调一个水平向的办公空间布局。通过相应交通流线的设计，一座十层裙楼建筑将互成拐角势态的三个地块连成一体。这样的布局结合建筑的竖向空间组织结构实现了办公空间的最大化，同时也令所有办公空间最大限度地享有面向珠江和城市的迷人视野。

　　建筑的各个功能分区依次叠加形成大厦主体，挑空空间以及特殊功能区域在横向和竖向上对其进行穿插切割，如同接驳体块之间的"缝隙"。位于大厦四层之上的间隔层被定义为建筑内部和外部职能的交会之所。这里设有企业员工与客户的会晤空间，包括会议室、展览空间和餐饮设施。此外，一个面向珠江探出的平台形成具有高品质的公共空间，其通过一座宽阔、大气的室外阶梯在整座大厦与江畔区域和东侧公园之间建立关联。

　　裙楼层面之上叠加坐落的建筑体块内分布着企业不同部门的工作团队，宽敞明亮的办公区域可根据具体需求灵活调整。跨越不同楼层的通高中庭与大型阶梯设计，服务于办公层之间垂直交通流线的同时，也可作为举行跨团队讲座与聚会活动的场所。另外，各个办公层还配备一个特殊的非正式交流空间，此处设有茶水间、休憩区、图书馆、健身区域等。裙楼屋顶是开敞的露台空间，拥有泳池、篮球场、烧烤站点等休闲设施，专供唯品会员工与客户使用，营造具有绝佳江景视野的一方天地。

▼ 拓展阅读

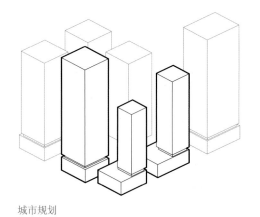
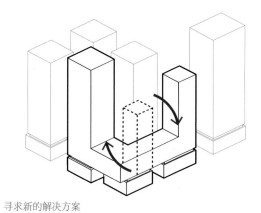
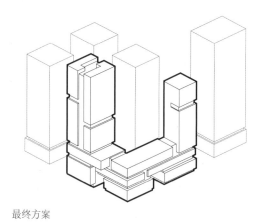

城市规划   寻求新的解决方案   最终方案

体块分析图

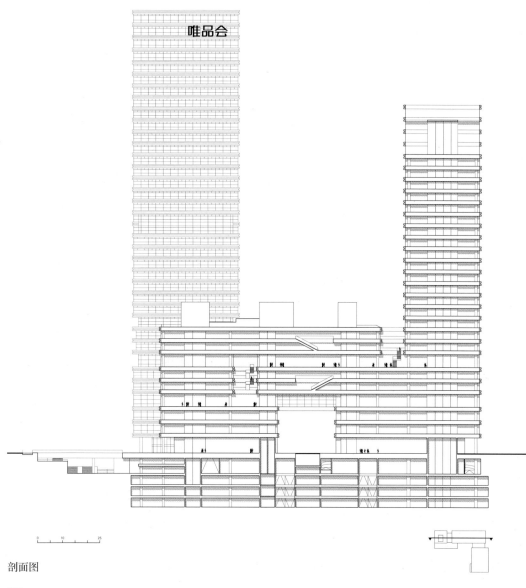

剖面图

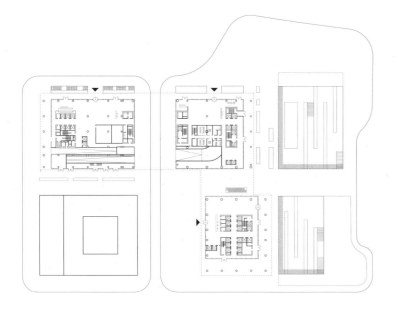

首层平面图

十二层平面图，带露台空间

成都美敦力创新中心

▶ **设计公司：**宝麦蓝（上海）建筑设计咨询有限公司
主创建筑师：本・萨默（Ben Somner）
项目地点：四川，成都
完成时间：2021 年
场地面积：8333 平方米
总建筑面积：5709 平方米
项目摄影：梁文军

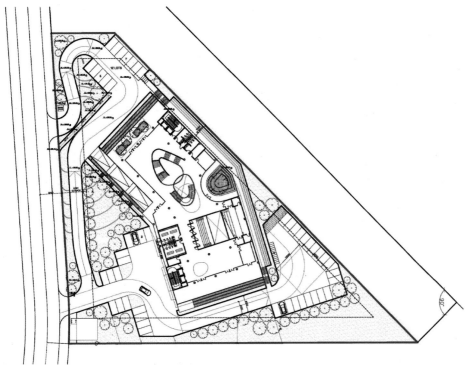

总平面图

美敦力创新中心（MIC）位于成都新川创新科技园区内，将为中国中西部地区的医疗专业人士提供多学科的先进医疗技术临床培训和科研平台。

宝麦蓝将该中心设计为一个功能性多合一的建筑，配备世界一流的外科培训设施、尖端的模拟技术，以及展示和协作空间。创新中心空间环境鼓励医护人员共同协作，分享经验和专业知识，在尊重品牌文化和使命的同时，优化医护人员的学习体验。

中心配备先进的医疗设备，为医疗培训提供多样化和灵活的环境，包括不同规模的教室、手术室和模拟培训实验室，一个 200 座的礼堂和各种功能齐全的会议、培训和休息室。实验室上方设有带先进视听设备的观测廊，让参观者和贵宾可以近距离观察外科技术。中心展厅和口袋剧院进一步展示了美敦力的杰出传统和创新成果。

设施中心造型独特的中庭是整个建筑的"心脏"。中庭同时提供了展示空间、非正式会议和社交空间。三层空间通过螺旋扶梯互相连通，使整个建筑物内部动线更加高效，鼓励人们互动和协作。

建筑顶端三层的立面用黑色金属层包裹，金属层颜色与下层灰砖搭配，衬托出底部的重感和实感。高科技材料代表了美敦力的高科技功能。二层面向公众的前门和展示窗有效协调了上下部分的对立实材，为访客的到来营造通透、开放的环境。

为了让建筑"地方化"，使之融于园区和城市，完美契合当地地形，建筑底层空间用传统灰砖搭建，代表了成都传统的建筑风格，同时营造出稳重和扎实的感觉。

▼ 拓展阅读

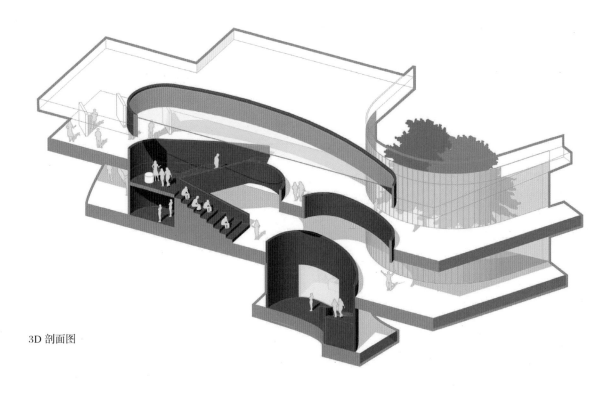

3D 剖面图

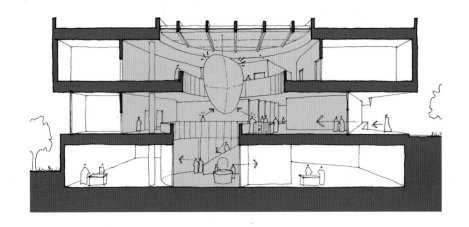

手绘剖面图

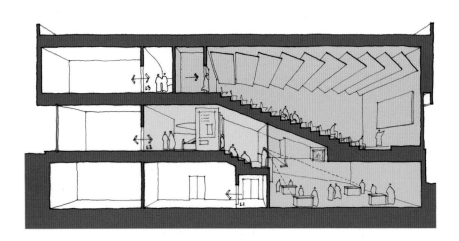

手绘剖面图

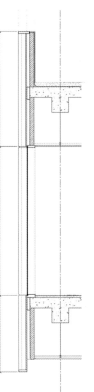

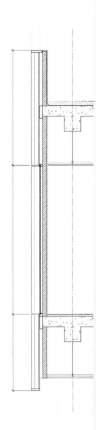

建筑细部

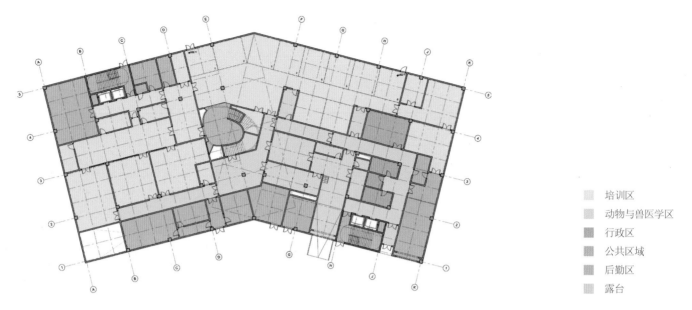

培训区
动物与兽医学区
行政区
公共区域
后勤区
露台

一层平面图

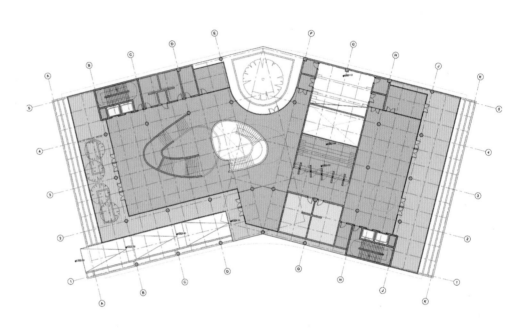

二层平面图

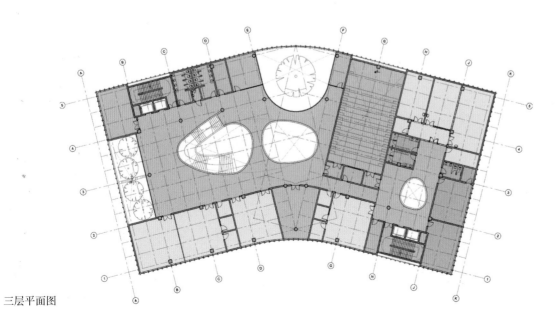

三层平面图

WELL 人居实验楼

▶ **设计公司：** 叠术建筑设计咨询（北京）有限公司
主创建筑师： 梁励德（Carolyn Leung）、博德朗（Ben de Lange）、博乐文（Ruben Bergambagt）
合作设计： 北京市建筑设计研究院有限公司
项目地点： 北京
完成时间： 2021 年
场地面积： 40 000 平方米
总建筑面积： 2400 平方米
项目摄影： 清筑影像（CreatAR Images）
结构形式： 混凝土结构
主要用材： 混凝土、玻璃、铝板

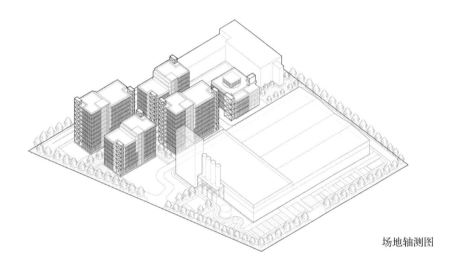

场地轴测图

WELL 人居实验楼是由 WELL 建筑健康标准创始者美国 Delos 公司和国际专家机构梅奥医学中心合作打造的项目。两者希望携手打造亚洲首个将建筑科学、行为科学、健康科学整合起来的科学研究中心，该中心将提供可调整和可控制的室内环境来模拟真实的建筑环境，进而展开以人为研究主体的科研活动，力求改善室内环境对人体健康、舒适度以及身心状态的消极影响。

建筑师的职责是创造一个经过 WELL 和 LEED 认证的建筑，并使用低技术解决方案，创造一个布局灵活的实验室环境，以保证和促进各类研究活动的进行。

为了创造一个开放的、可重组的平面布局，满足不同的实验条件，并充分利用日照，逃生楼梯和核心筒被放置在建筑的北侧，连同首层雨棚和可旋转的屋顶实验室等独立设计元素，共同表达出"插件式"体量的设计概念。

建筑核心筒内的机电、竖井和卫生间均有自然采光。电梯被谨慎地隐藏起来，而不是作为主要垂直交通工具。通常

阴暗、隐蔽的逃生楼梯成了这座建筑的红色标志，以促使人们自主锻炼和社交。

叠术把建筑外立面设计成一个单元式系统，从而增加了外立面的多元性和可行性，同时保持了突出的、可识别的建筑特色，融入顺义的工业环境。室内的百叶窗帘、外部电动窗帘和可变色玻璃充分构建在外立面的单元式系统里。入口雨棚兼具入口迎客和庇护所的功能，并直接连接室外楼梯，同时保证首层日光的最大化。屋顶的旋转实验室用于深入研究日照对室内环境的影响。此外，建筑还有一个可以提高人们社区意识和参与感的屋顶农场。

建筑师通过最简单和最有效的方式来设计 WELL 人居实验楼，使之符合 WELL 的标准并能满足租户的应用需求，也明确了自己的设计方向——专注于提升未来中国以及世界范围内的健康、安逸的办公和居住环境。

▼ 拓展阅读

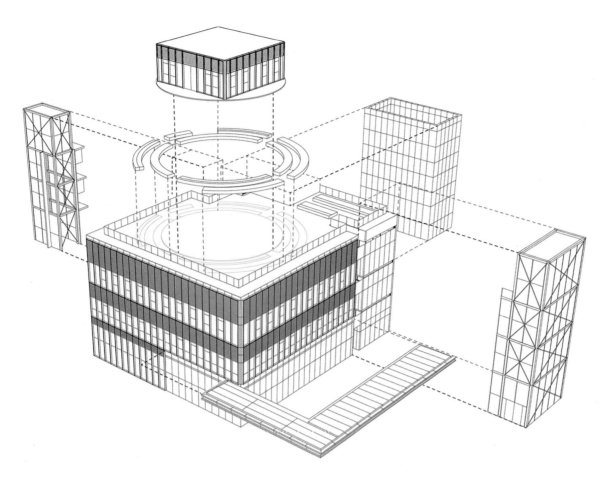

体块生成图

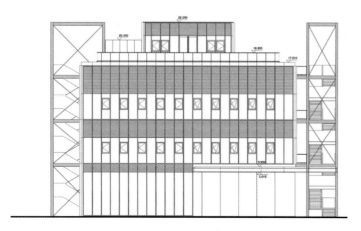

西立面图

南立面图

百得利集团总部办公楼

▶ **设计公司：** TEMP 建筑事务所
主创建筑师： 金智虎
项目地点： 北京
完成时间： 2021 年
总建筑面积： 2500 平方米
项目摄影： 金伟琦

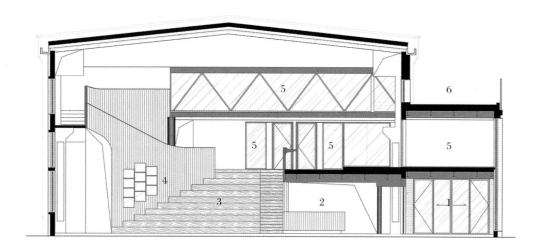

1 入口
2 前台
3 阶梯座位
4 书架
5 会议室
6 阳台

剖面图

该建筑始建于 20 世纪 70 年代初，与当时的大多数工厂一样，这座功能至上的直线形结构上设有等距的窗户，以常见的砌法用红砖筑成。建筑内部保留着大量的钢筋混凝土柱子、桁架和梁。建筑内部的二层楼板及小夹层，以及大厅中的月洞门是上一次改造的结果。

本次改造希望不仅能为百得利的员工提供一个良好的办公环境，也能提升企业形象，促进公司业务的发展。为了顺应新的需求，入口处的翻新采用了反光不锈钢箱体和立柱，地面上增建的弧形墙带，以灰色砖块和台阶石组成，延伸出建筑原有的边界。

新安装的木栏杆重新连接和勾勒原有结构的各层楼梯和立面，将原本杂乱的空间有序地整合起来，使新大堂更为庄重。同一饰面延伸至阶梯座位，甚至包裹着弧形的接待台。在洁白的墙面和横梁的衬托下，这个木丝带穿梭于中庭和巨大的月洞门之间，以优雅的姿态暗示着前人的痕迹，将各时代的建筑遗留联结在了一起。

中庭旁、玻璃隔断后的宽敞大厅是集合多部门的办公空间。绿色的办公柜和工作台按照原有的钢柱形成的网格安放着。悬挂在空中的吸音板和条形照明，像轨道般在视觉上为办公环境营造出了统一感。

会议厅、咖啡厅、社交区等空间在设计中以新视角呈现，从而迎合该大楼被赋予的管理和战略角色。这不仅仅是一种创新，也让工作场景的体验更加丰盈。

从双层高的入口、小尺度的门廊，到宽敞的阶梯座位和二楼私密的楼道，大小尺度的交错设计使空间的流线更有趣。二楼的走廊由不同数量的拱门叠加而成，并嵌有轨道照明，将访客引入领导办公室和会议室。走廊的终端是狭窄的螺旋楼梯，与入口的开阔体量形成对比。楼里的拱门、木丝带、圆形阶梯座位和接待处的曲线，在视觉上弱化了建筑原本方正、规矩的结构棱角。

▼拓展阅读

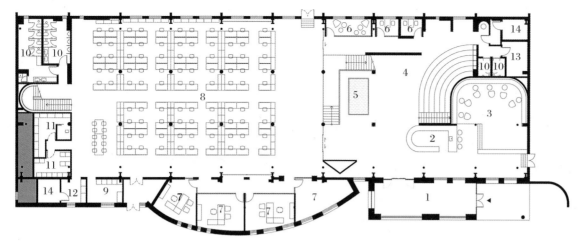

一层平面图

1 入口	6 电话室	11 更衣室
2 前台	7 经理办公室	12 影印室
3 咖啡厅	8 开放式办公区	13 储藏室
4 阶梯座位	9 茶水间	14 机房
5 倒影池	10 卫生间	

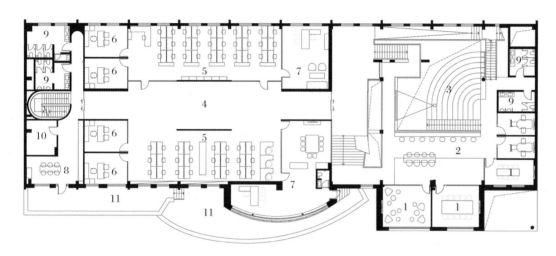

二层平面图

1 会议室	5 开放式办公区	9 卫生间
2 共享办公空间	6 经理办公室	10 储藏室
3 阶梯座位	7 行政办公室	11 阳台
4 陈列室	8 茶水间	

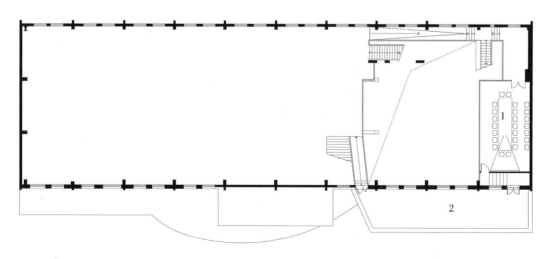

三层平面图

1 会议室
2 阳台

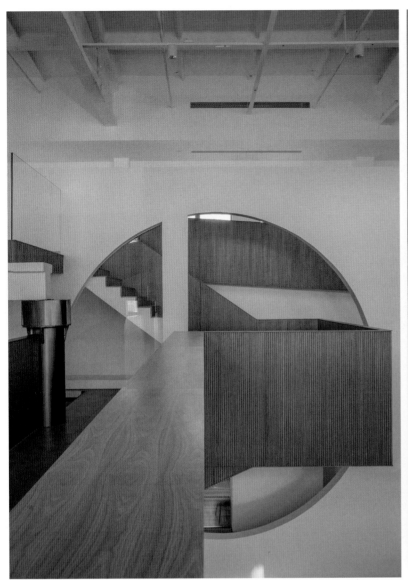

1970 年
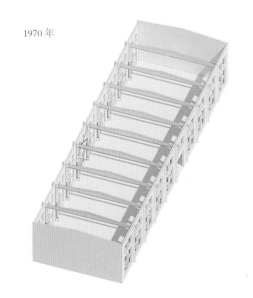

2000 年
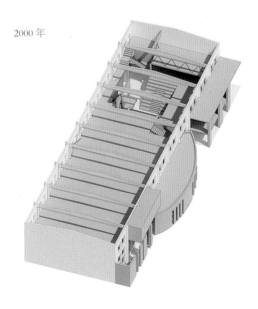

2021 年
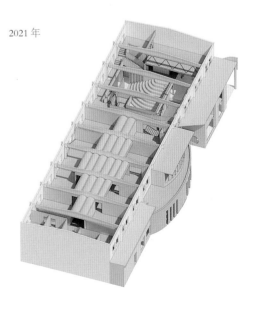

建筑演变分析图

杭州化纤厂旧址改造

▶ **设计公司**：零壹城市建筑事务所
主创建筑师：阮昊、陈文彬、唐慧萍、张磊、张秋艳、沈双双、劳哲东、马广宇、邓皓、辛歆、王一如
合作设计：天尚设计集团有限公司
项目地点：浙江，杭州
完成时间：2020 年
总建筑面积：5831 平方米
项目摄影：吴清山

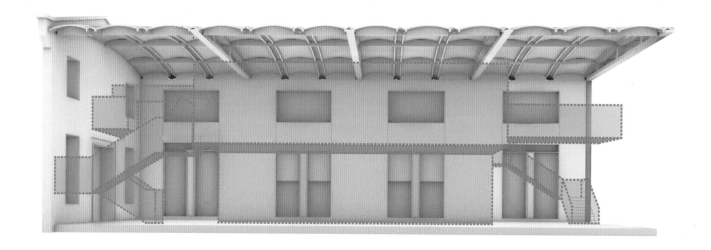

剖面图

项目位于杭州市拱墅区蓝孔雀化纤厂旧址，包含杭实工发铭座办公园区和城市公园两部分，其规划、建筑、景观、室内及软装设计由零壹城市建筑事务所一体化完成。

场地内原有 4 栋厂房、1 栋厂区宿舍，以混凝土框架结构和砖混结构为主。设计保留了工业遗存的建筑结构，以及一些具有时代感的建筑元素，如拱形屋顶、老砖和带有"抓革命，促生产"字样的墙体等。同时，设计将新空间要素置入老建筑，给老厂房注入了新的活力。

大面积的落地窗满足了室内办公空间对光线品质的需求。竖向的窗框搭配简约的线条、古铜色的铝板，与"修旧如旧"的墙体形成鲜明的对比，在工业遗存的原始粗犷中，增添了现代办公建筑的精致感。设计通过在旧厂房之间置入连廊，增强各功能空间的连贯性，满足现代办公空间的要求。连廊的材质与窗框一致，采用古铜色铝板来协调建筑的整体色调。

员工宿舍化身为"小白楼"，作为场地与城市的连接载体，"整旧如新"的设计策略使城市界面的连续性得以实现。"小白楼"的立面设计尊重原有结构的柱网模数，通过错动的开窗设计，为建筑增加了几分灵动，也在视觉上削弱了原有建筑尺度造成的厚重感。开启扇的隐藏设计使立面的线条简约匀称，呈现的视觉效果更为整洁，在满足办公空间采光通风需求的同时，也提升了建筑的整体质感。

室内空间的设计延续建筑"修旧如旧，整旧如新"的设计理念。设计采用一种"box in box"的方法：在原建筑框架结构（大 box）内置入独立的各功能空间（小 box），将现代化的办公场所置入老厂房。设计将老厂房的拱形屋顶安装回原有的位置，室内屋顶的加固材料采用透明玻璃材质，使拱形屋顶在室内如历史遗迹标本般存在。

▼ 拓展阅读

中关村数字经济创新产业基地

▶ 设计公司：清石设计
主创建筑师：李怡明
合作设计：北京中景昊天工程设计有限公司
结构顾问：中国建筑科学研究院有限公司
项目地点：北京
完成时间：2020 年
总建筑面积：21 565 平方米
项目摄影：郑焰

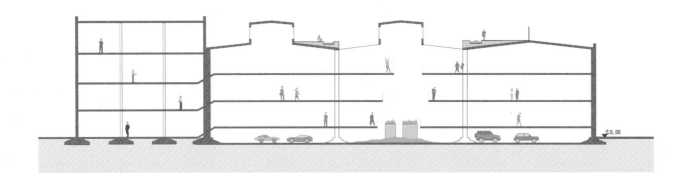

剖面图

项目的挑战在于将工业时代遗留的老厂房改造成供新兴的互联网及科技企业使用的办公空间。业主希望获得最大化的办公面积，同时还要有良好的通风、采光环境，以及高品质、活跃的空间氛围。项目原本的定位是以室内改造为主，但设计师将关注点放在了项目之外。结合建筑入口的位置，设计师用圆形将整个厂房一分为四，使其融入周边环境，在确保安全的前提下，将空间高度及屋顶利用至极限。

设计师希望每个办公区都被花园围合，让人们在工作之余望向窗外，便可即刻感到轻松。人们在入口就能看到大面积被扩建改造过的采光天窗，光由此进入并引导人们行进的方向。采光天窗一直延伸，并与中庭连为一体，中庭花园沐浴在自然光线中。中庭的后半部分保留了旧建筑的部分天窗，使新的空间使用者能够感受到原有厂房中独具特色的印迹。

由于整个项目东西尺度较长，设计师在中庭间隔设计了两部不同形态的旋转楼梯，以便分散组织人流动线，并起到活跃空间氛围的作用。两组开敞型的观光电梯与旋转楼梯共同组成建筑的交通核心。观光电梯采用明亮的色彩涂装结构钢架，形成中庭的视觉焦点。艺术化的螺旋楼梯与工业化的观光电梯产生了强烈的反差感，令整个空间充满生机与活力。

为了最大限度地满足泊车需求，设计师将原有地面下挖，打造了半地下车库。下沉的中庭花园向外延伸至车库，带来不一样的停车感受。为了提高空间的使用率，屋顶几乎容纳了整个建筑所有的机电设备。此外，设计师还在原有建筑的斜屋面上设计了两个风格、功能迥异的屋顶花园。

▼ 拓展阅读

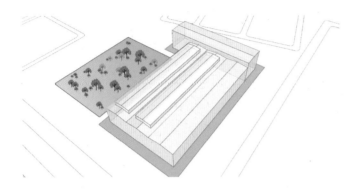

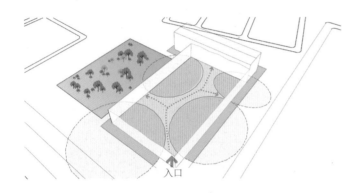

入口

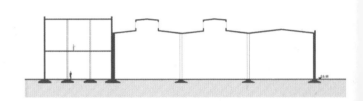

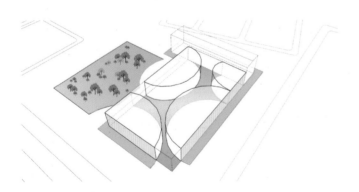

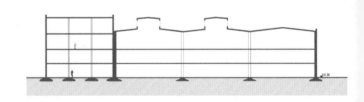

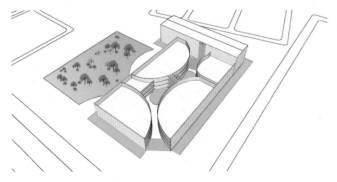

设计分析图

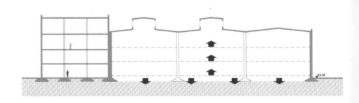

剖面图

太平鸟时尚中心

▶ **设计公司：** 丹尼尔·斯坦森建筑事务所 （Daniel Statham Studio）
　主创建筑师： 丹尼尔·斯坦森（Daniel Statham）
　施工图设计： 上海建科建筑设计院有限公司
　室内深化设计： 上海汉行建筑设计有限公司
　智能化顾问： 霍尼韦尔（天津）有限公司
　景观设计： 棕榈设计集团有限公司
　照明设计： 豪尔赛科技集团股份有限公司
　项目地点： 浙江，宁波
　完成时间： 2020 年
　总建筑面积： 75 000 平方米
　项目摄影： 曾天培

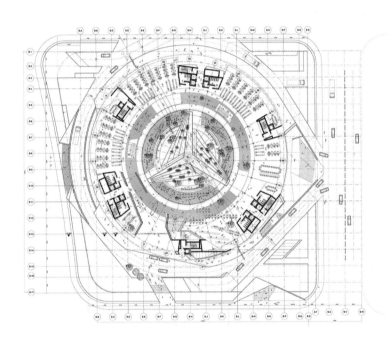

总平面图

　　著名时尚集团总部的设计不仅要创造出传统意义上能满足办公功能需求的空间，还要激发和培养集团不同部门间的联系与交往。"太平鸟"暗喻了太平鸟集团对"自由想象"的渴求——"成为自己，表达自己"，像鸟儿一样自由地翱翔于空中。在概念设计阶段，设计师的目标是捕捉到这种精神，在总部建筑中将此精神表达出来。

　　"鸟的翱翔"具有很多的寓意，如何将其与一个年轻、时尚、现代的创意时尚公司联系在一起呢？设计师首先研究了帮助鸟儿飞行的力量——热气流。热气流是自由流动的。它多层次、有效的运转和功能性成为概念设计的核心。建筑的几何构成元素沿着一个标准的圆形平面形式螺旋向上"运动"，形成了一个非常有力量的建筑圆环。访客被自然地引

入建筑，开始一段顺畅而体验丰富的"旅程"，最终通过螺旋形的动线向上到达建筑的屋顶花园。

　　办公室的平面设计通过创建"环的阈值"来实现从私密的办公空间到公共交流空间的转换，并融合了极具中国古典建筑特征的围合空间，展现了对中国隐园的视觉与空间变化的现代诠释。建筑圆环中心花园作为建筑的"绿肺"，为办公空间提供景观的同时，也为员工提供了一个可短暂休息放松和为创造力充电的场所。

　　建筑的表皮含蓄地表达出某种与纺织品或面料相关的特质，它被设计制造出来，并"穿"在建筑主体上，赋予建筑灵动的生命力。

▼拓展阅读

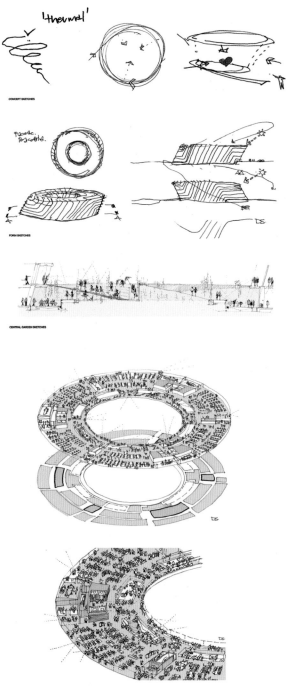

手绘图

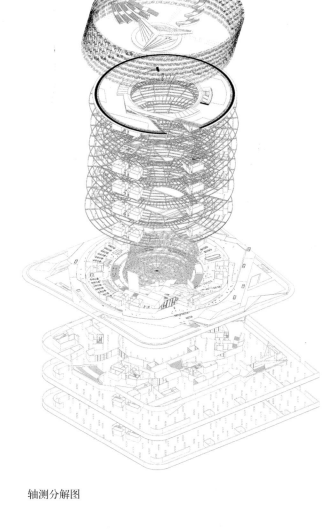

轴测分解图

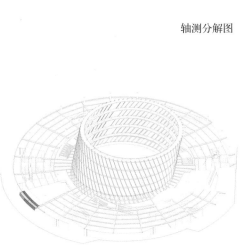

技术图

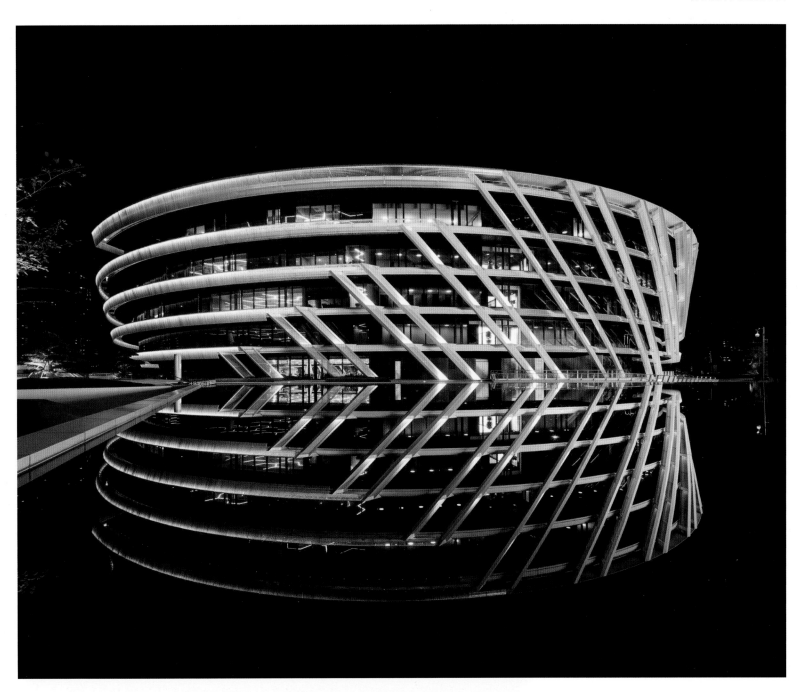

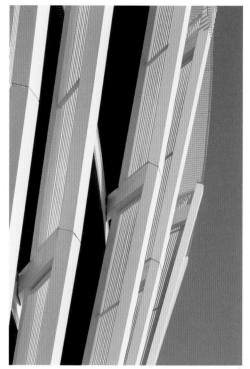

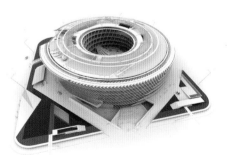

建筑楼层衍变图

深圳留仙洞创智云城

▶ **设计公司**：MENG 建筑创作院（深圳市建筑设计研究总院有限公司）
主持建筑师：孟建民、杨旭
合作设计：直属四所（深圳市建筑设计研究总院有限公司）
BIM 咨询与设计：深圳市华森建筑工程咨询有限公司
景观设计：深圳奥雅景观与建筑规划设计有限公司
绿建设计：深圳市建筑科学研究院股份有限公司
项目地点：广东，深圳
完成时间：2020 年
总建筑面积：411 913 平方米
项目摄影：孔辰承

总平面图

本项目位于深圳市南山区留仙洞总部基地西北角。设计师从使用者和企业的需求出发，以满足不同企业在不同发展阶段的需求为目标，创造了一个功能丰富、生活环境多样化的复合型产业园区。

借助贯穿整体园区的"商务环"，设计师希望将更多促进企业发展的积极因素串联起来，并在空间状态上反映出该项目区别于其他企业总部的多样化与人性化，使其成为信息技术行业全周期发展的支点。建筑布局顺应城市设计，呼应中心广场与视线通廊。人行动线将底层划分为开放街区模式，营造丰富的城市生活，并与城市空间紧密连接。

建筑的底层将城市归还市民，打造活力商业街区，向上依次为中小型企业、大中型企业、大型企业及超大型企业。整个建筑从下到上，公共度递减，私密度递增，使用人群各取所需，最大化提升产品附加值。

在服务于初创期中小型企业的孵化器平台空间，环形的公共休息廊道在空中将整个园区有机地联系起来，若干个不同功能节点通过垂直电梯和扶梯将孵化器平台与地面联系着。在服务于成长期大中型企业的公共转化平台，多样的活动与非正式交流空间的营造，实现了产业园由孵化器向加速器的转变。在这里，企业开启了由初创期向成长期的过渡。

▼ 拓展阅读

一层平面图

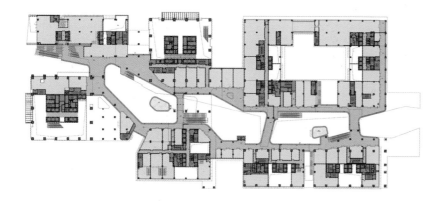

二层平面图

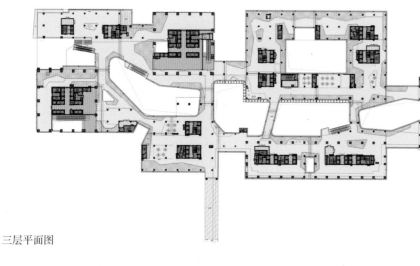

三层平面图

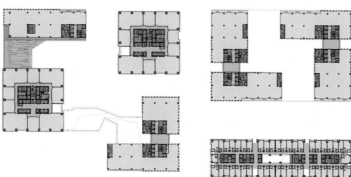

六层平面图

北京时尚创意梦工厂

▶ **设计公司：** 非静止建筑设计（AntiStatics Architecture）
主创建筑师： 郑默、马丁·米勒（Martin Miller）、克里斯托弗·贝克特（Christopher Beckett）、
卢克·西奥多利斯·E.D. 圣托索（Luke Theodorius E.D.Santoso）、刘宣灼、亚西尔·哈菲兹（Yasser Hafizs）、杨轩、韩雪、李承轩
项目地点： 北京
完成时间： 2020 年
总建筑面积： 18 000 平方米
项目摄影： 夏至

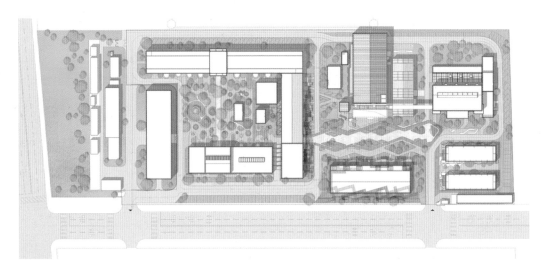

园区规划平面图

受纺织艺术的启发，北京时尚创意梦工厂将昔日的工业场地改造成了一个创意工作空间，专为从事时尚行业和文创行业的人士服务。纺织品的编织特征成为空间的设计灵感，并作为连接和分隔空间的手段。建筑师在改造设计中创新性地运用了悬垂、缝合、印刷和编织等技术。

改造后，入口处的建筑外立面使用了钢制纺织品材料，像是为大楼轻轻披上了遮阳和保护隐私的金属幕。透光的金属幕以一种流体和曲线形式，在外立面和公共区域之间形成一个灰空间。

原动力车间被改造成一个大型创意空间，四层的挑高中庭贯穿建筑内部。具有几何形凸窗的墙面构成了庭院的背景，像整个园区的"纺织机"，源源不断地输出创新的理念和时尚的图案。一条旧煤炭运输通道被改造成一座人行天桥，通

透的工业钢网包裹着桥体，曾经布满煤痕的墙壁也成了一条艺术展示廊道。

原厂房煤库动力站有三个部分，基于拼贴与缝合的理念，几何图形、彩色凸窗与金属编织形成了一种有节奏的建筑语言，跨越三个结构的立面，从看似不连贯的空间中创造出一种更具凝聚力的整体联系。这些"几何拼贴"通过在建筑物表皮上的切割与嵌入进一步定义内部空间的丰富性，从而成为入驻企业的展示平台及"时尚橱窗"。由此，内部的功能性和层次结构都通过外部表现出来了——大开窗定义了开放的工作空间，小洞口定义了暂停和思考的空间。南立面的彩色窗户为挑高 19 米的中庭引入明亮的阳光，让室内空间在一天中的不同时刻都呈现出不同的面貌。

▼ 拓展阅读

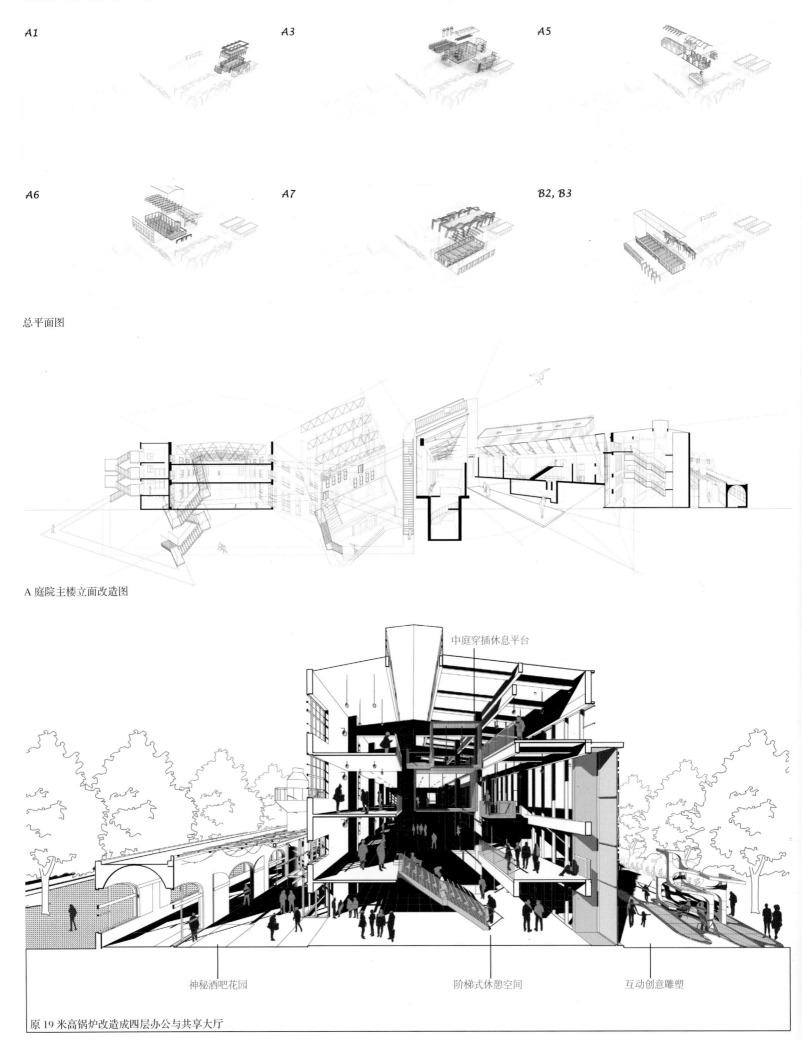

A1   A3   A5

A6   A7   B2, B3

总平面图

A 庭院主楼立面改造图

中庭穿插休息平台

神秘酒吧花园   阶梯式休憩空间   互动创意雕塑

原 19 米高锅炉改造成四层办公与共享大厅

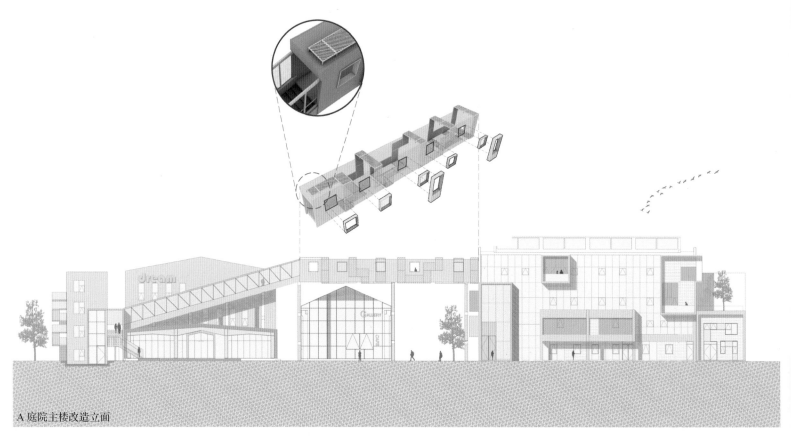

A 庭院主楼改造立面

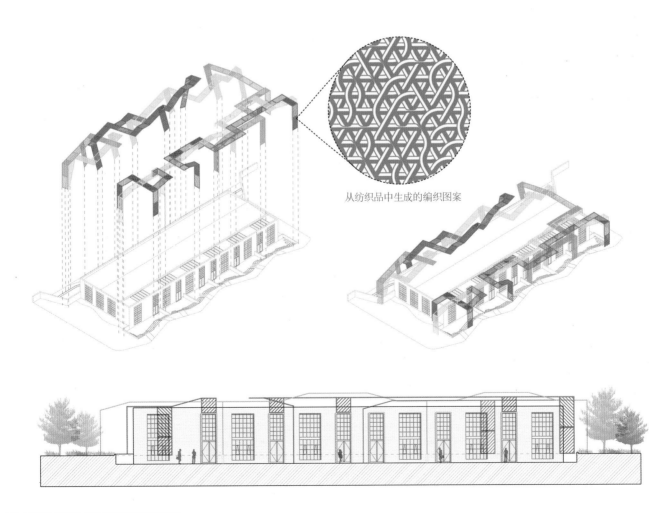

从纺织品中生成的编织图案

A 庭院 Loft 工作室下沉花园与编制遮阳屏风示意图

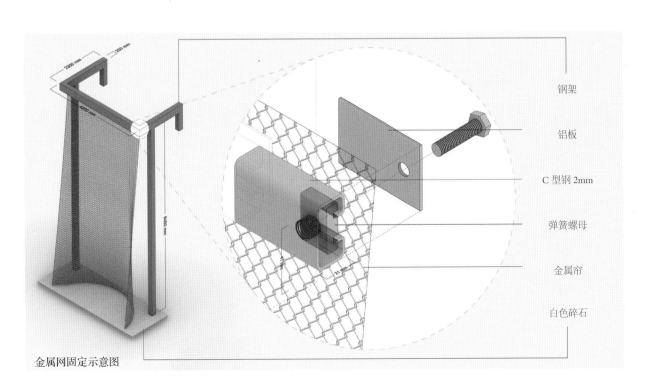

钢架

铝板

C 型钢 2mm

弹簧螺母

金属帘

白色碎石

金属网固定示意图

英科中心

▶ **设计公司：**山水秀建筑事务所、山品建筑事务所
主创建筑师：祝晓峰、丁鹏华
项目地点：上海
完成时间：2021 年
场地面积：682 平方米
总建筑面积：686 平方米
项目摄影：苏圣亮、梁山

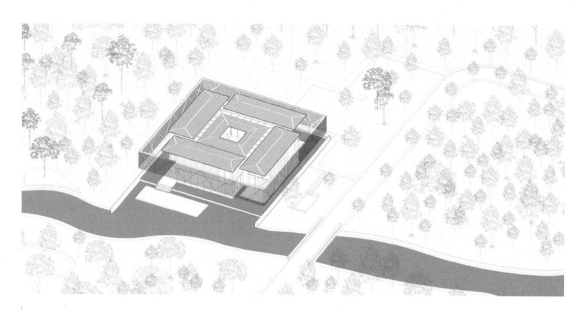

轴测图

基地位于奉贤区黄浦江南岸的一片涵养林之中。英科再生是一家专注于塑料再生利用的高科技制造商，业主希望建造一座小型办公建筑，作为英科再生的企业文化展示馆和高层会议场所。该项目采用奉贤乡村典型的传统建筑形制——由四个建筑单元围合中庭而成的合院宅，在延续这一空间形制的同时，尝试通过结构性的空间组织给这一形制注入新的活力。

整个合院由外圈的半透明院墙、中圈的四个单元体和内圈的庭院构成。四根角柱向外伸出枝杈，支撑着外圈连接的四片索网桁架，桁架表面悬挂三角形的风动叶片。镜面氧化铝叶片倒角卷起，随风闪动，如树叶在微风中颤动。这片风动幕墙在为合院筛入自然风的同时，也映射着周边的树林和天空，营造出半隐的合院形象。中圈的单元体放在四个平台上，呈风车状布置，如四艘船，首尾相连停靠于水岸。每个单元体由两端的树杈形立柱及双梁支撑的屋顶结构构成，然

后向下吊柱挂住二层楼板，这种悬吊结构使建筑底部实现了空间的自由流动，可以满足展览、聚会等多种公共功能的需求。内圈的墙院由一层南北方向的两片混凝土墙和二层东西方向的两片混凝土墙上下搭接组成，墙外形成环廊，墙内围合庭心。这圈交错剪力墙不仅支撑了墙内外的环形双廊（面向中心庭院的外廊和楼梯，与面向单元体的内廊），还通过连桥为外圈的四个单元体结构提供了侧向水平支撑。所有垂直的设备管线都收纳在墙体外围的辅助空间里，为单元体室内空间的纯净和匀质提供了条件。

通过对结构和材质的组织，外圈、中圈和内圈之间产生了双向的渗透性。抬升的院墙吸引人流，单元体之间的通高玻璃揽入风景，底部的开口导入流水和微风，内外圈之间的天窗则引入自然光。合院内的展品、交流活动以及合院本身的形象，也通过中圈的小院和外圈的风动幕墙，以若隐若现的渗透方式向外传播着英科再生开放循环的企业文化。

▼ 拓展阅读

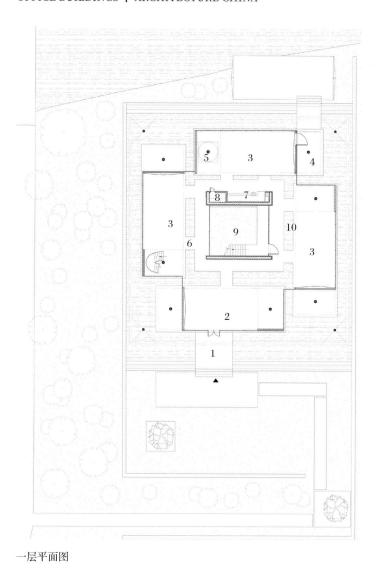

一层平面图

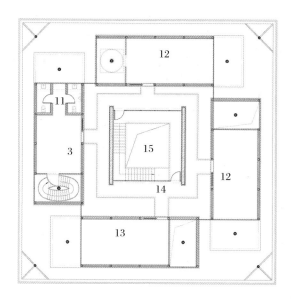

1 入口平台　　　9 内院
2 大堂　　　　　10 水景
3 展厅　　　　　11 卫生间
4 观景平台　　　12 办公室
5 升降平台　　　13 会议室
6 连廊　　　　　14 连廊
7 水吧　　　　　15 内院上空
8 配电室

二层平面图

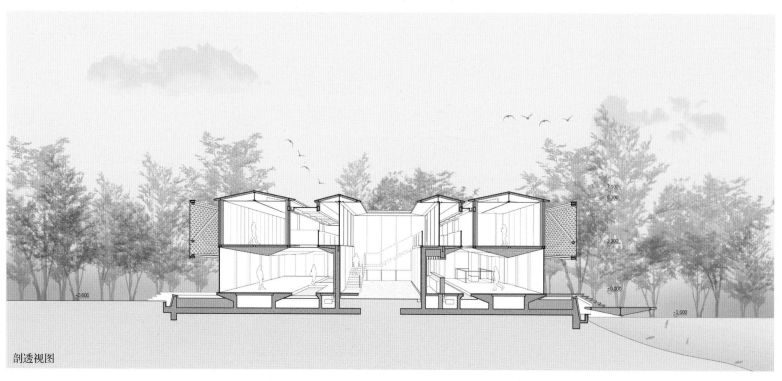

剖透视图

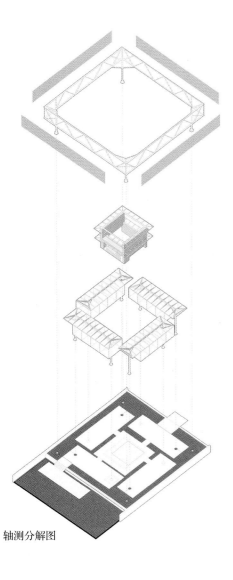

轴测分解图

ééé——BSH 品牌总部

▶ **设计公司**：大犬建筑设计

主创建筑师：辛晋、胡志红

项目地点：浙江，绍兴

完成时间：2021 年

场地面积：20 480 平方米

总建筑面积：18 342 平方米

项目摄影：孟庆伟、谢亦伦

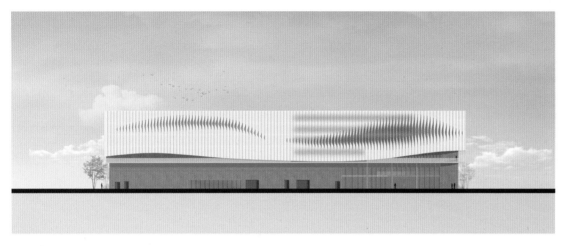

立面图

ééé 作为 BSH 品牌总部的核心建筑，是一座集零售空间、办公空间、餐厅、研发生产、观光体验于一体的综合性建筑。BSH 品牌专注于高端羽绒寝具产品领域，因此，建筑师以鹅绒洁白、轻柔的特质为灵感，采用白色、纯粹、轻盈的线性结构，营造了一个柔软且有温度的空间，使其与周遭高密度的工厂楼群形成强烈的反差。

建筑采用"虚"和"实"两个体块，上下组合。低区采用实体的清水混凝土，形成厚实且稳固的建筑基座，高区使用渐变半透明玻璃与白色曲线造型铝板的幕墙系统。清水混凝土外墙做了内退设计，使得白色幕墙更加通透，并产生悬浮于空中的视觉感受。

建筑师在西南面工厂区采用了雾面玻璃，视觉上规避了车间繁杂的生产状态。在工厂区，建筑的中心体块被抽离，从而创造了一个沐浴在自然光线下的生产空间。建筑的东南面区域为零售空间、办公空间和餐厅。在相应的立面上，建筑师采用渐变半透明玻璃和透明玻璃两种材料，来满足不同室内功能对幕墙采光的需求。同时，这两种材料也带来了由朦胧渐变到高透明的视觉变化。

建筑师在南面三层的位置设计了连接工厂区与办公区的外挑连廊，该连廊以半户外的表现形式，悬浮在建筑外立面上，为办公区与工厂区提供了更为便利的交通动线，也为使用者创造了真正的协作空间。同时，户外连廊在视觉上平衡了白色玻璃幕墙与清水混凝土产生的异质感。

曲线铝板采用数字算法的动态切割方式，既强调了白色线性的自由形态，又呈现了由曲线出发而形成的潜在的律动感。它与光形成对话，随着太阳光的投射，产生永不停息的变化，形成了一个富有光影节奏的外立面。

▼ 拓展阅读

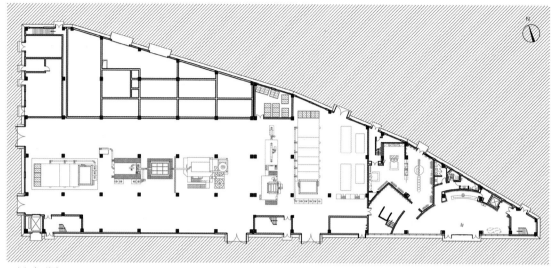

一层平面图

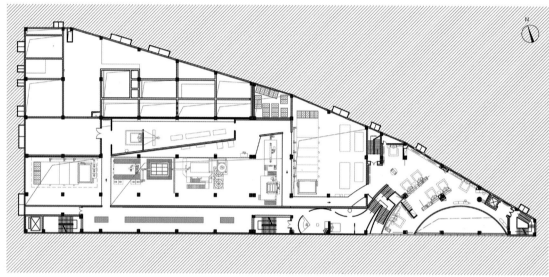

二层平面图

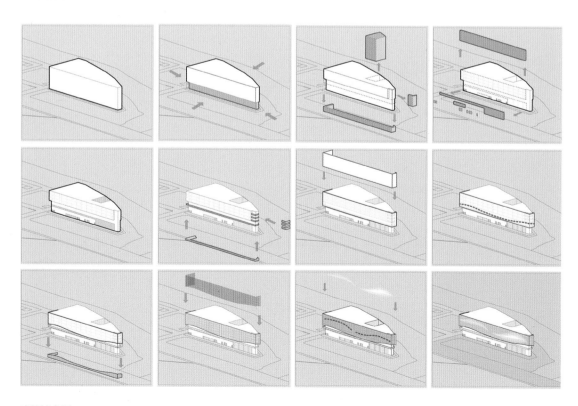

建筑演变图

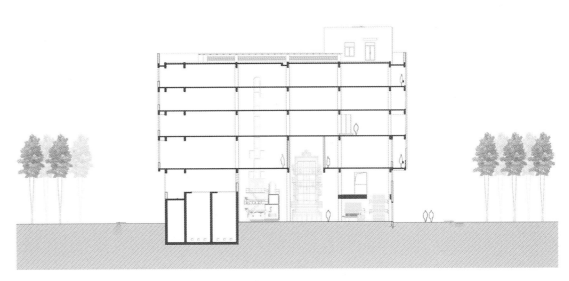

剖面图

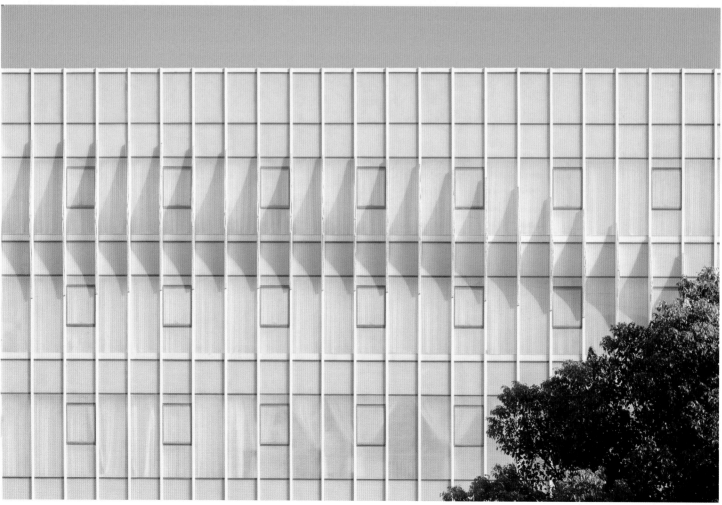

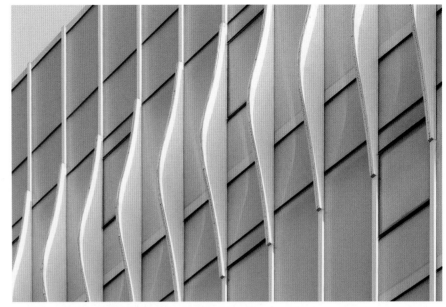

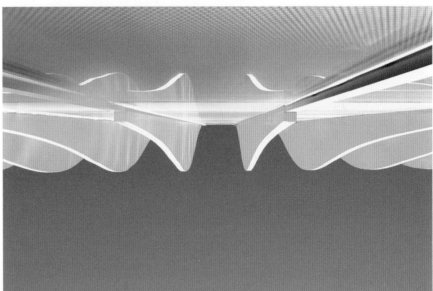

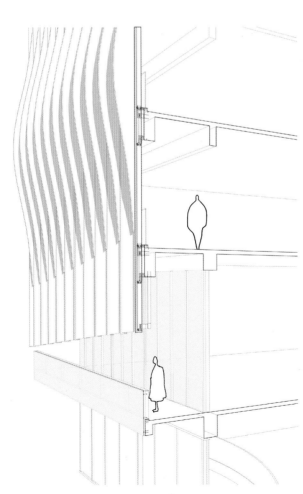

建筑幕墙外挂铝板剖面图

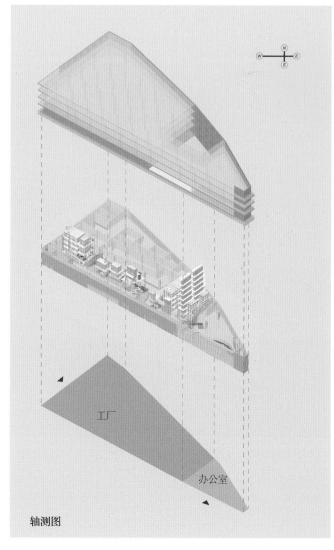

轴测图

工厂

办公室

商业建筑

横琴国际金融中心

▶ **设计公司：** Aedas

主创建筑师： 温子先（Andy Wen，全球设计董事）、纪达夫 (Keith Griffiths，主席及全球设计董事)

项目地点： 广东，珠海

完成时间： 2020 年

场地面积： 18 000 平方米

总建筑面积： 地上 138 158 平方米，地下 80 797 平方米

项目摄影： 清筑影像（CreatAR Images）、张虔希（Terrence Zhang）

结构形式： 框架 – 核心筒结构（局部钢结构）

主要用材： 玻璃幕墙及铝板装饰带

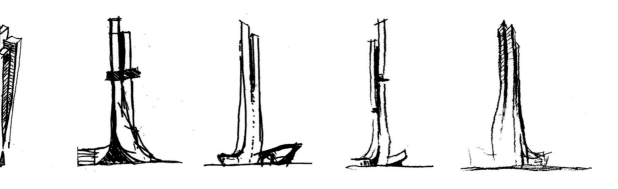

手绘图

珠海横琴国际金融中心将"蛟龙出海"的神话场景完美再现。这座 339 米高的建筑毗邻珠江与南海的交汇口岸，蜿蜒盘旋，拔地而起。塔楼一分为四，犹如四条蛟龙冲破藩篱，直冲云霄，于盘旋升腾间，俯视整片水域。该项目位于珠海市横琴岛，东连港澳，西通粤西，北靠珠三角，南依横琴，是珠海与澳门之间十字形贯通水域的中心点。

建筑师希望在这个蕴藏着巨大能量的地块上打造一栋特别的建筑，来象征金融新区的新生，代表兴旺发展的横琴，甚至传递出新时代的中国力量。项目集甲级办公、会议展览、商务公寓和商业零售等功能于一体。建筑师将商业零售和会议中心布置在便于出入的裙房处，甲级办公空间放于中低层，商务公寓置于静谧的高层。

设计充分利用地块山海之间的环境优势，选取寓意着新生力量的"蛟龙出海"为主题，并从中国古典绘画南宋陈容的《九龙图》中汲取灵感，以蜿蜒灵动的裙楼线条诠释巨龙盘旋，简洁有力的塔楼线条展现巨龙破水而出的大气磅礴，使建筑在气势逼人的形态中，与不远处的海面相呼应，共同唤起人们对"蛟龙出海"的想象。

塔楼的四个部分由裙楼外侧的体块"喷薄而出"，象征着横琴汇集了珠海、澳门、香港和深圳的城市精华，将其融合为一，成为珠江口超级大都会的一颗明珠。

▼ 拓展阅读

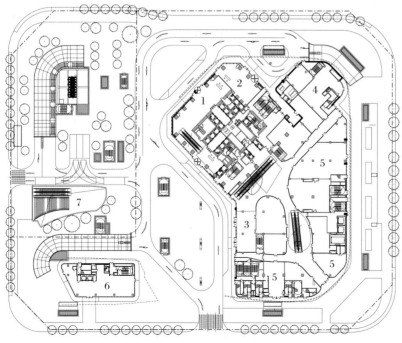

1 办公大堂
2 公寓大堂
3 会展大堂
4 银行
5 零售商业空间
6 旗舰店
7 下沉广场

总平面图

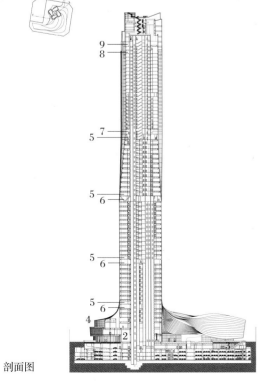

剖面图

1 办公大堂
2 公寓大堂
3 下沉广场
4 观景平台
5 办公区
6 避难层
7 公寓
8 复式公寓
9 屋顶花园

1 办公区
2 电梯厅

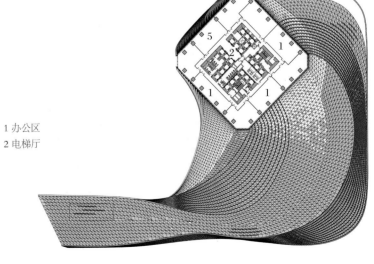

平面图

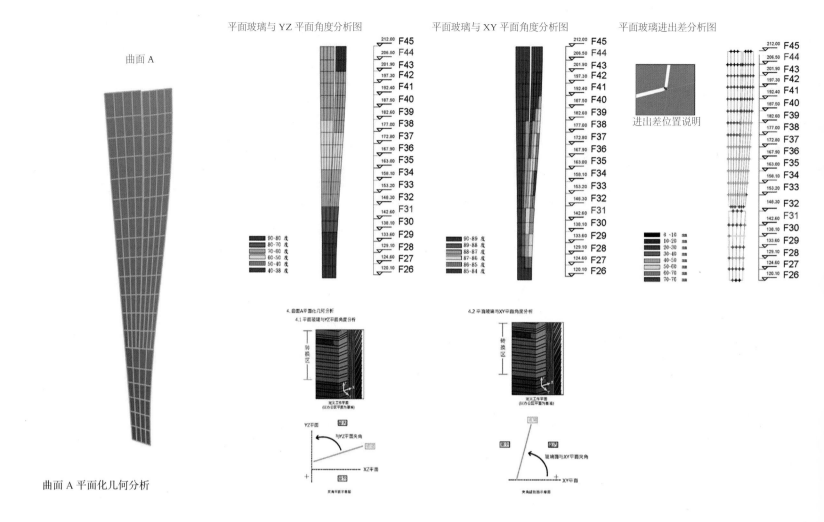

曲面 A

曲面 A 平面化几何分析

平面玻璃与 YZ 平面角度分析图

平面玻璃与 XY 平面角度分析图

平面玻璃进出差分析图

进出差位置说明

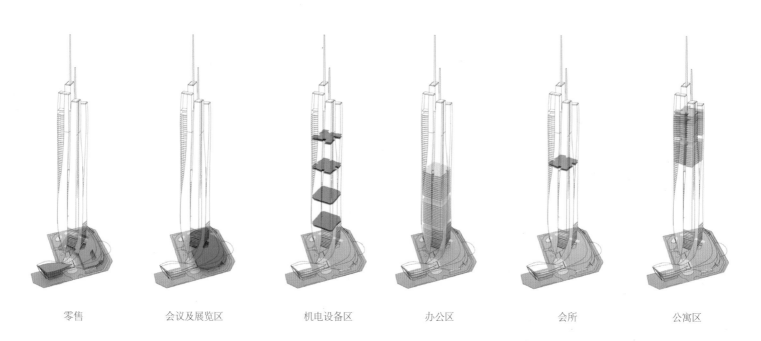

| 零售 | 会议及展览区 | 机电设备区 | 办公区 | 会所 | 公寓区 |

建筑分析图

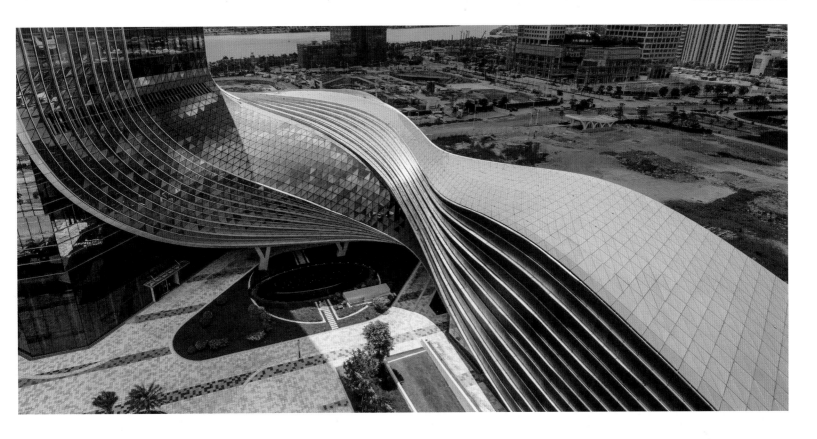

横琴宇信大厦

▶**设计公司**：建斐建筑咨询（上海）有限公司
主创建筑师：斯科特·洛伊基茨（Scott Loikits）、刘敬东
项目地点：广东，珠海
完成时间：2020 年
场地面积：30 000 平方米
总建筑面积：96 000 平方米
项目摄影：萨姆·陈（Sam Chan）
结构形式：混凝土结构
主要用材：混凝土、铝板、幕墙系统

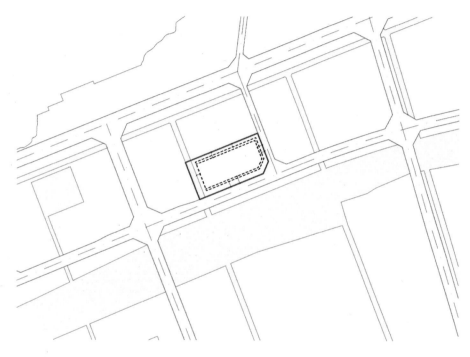

总平面图

横琴宇信大厦位于珠海南部横琴岛，优越的地理位置可令人欣赏到新建的人工水道和与南海相连的入水口。此前，世界上最长的跨海大桥珠港澳大桥已开通，这将以极快的速度推动很多大规模综合体项目的开发。基于这个竞争激烈的市场，客户希望建造一个能从周围环境中脱颖而出的综合体项目。建筑师设计了多种概念，以展现不同形态的零售和办公环境，力求把这些概念融合成一个涵盖工作、商业功能的整体。

建筑师将高端办公、零售购物和餐厅体验结合在一起。裙房超大的滨海观景平台位于繁华的零售空间之上，与户外公园连接，且可直接通往地下私人停车位、空中游泳池、户外水景区域。办公空间通过引入绿植并使其悬垂在较低层的办公平台上，与户外空间相连，并为下方的购物环境创造一个封闭、美丽的绿色环境。此外，建筑师还在办公区域巧妙地引入了一个巨大的天桥，作为不同办公区域之间的连接。

珠海横琴新区的发展事实上也关系着这个项目发展进程中的各个方面。通过设计师团队与业主之间数月的设计合作，珠海横琴宇信大厦已经成为伫立在横琴岛的一颗明珠。

▼ 拓展阅读

宇信大厦
YU XIN TOWER

剖面图

剖面图

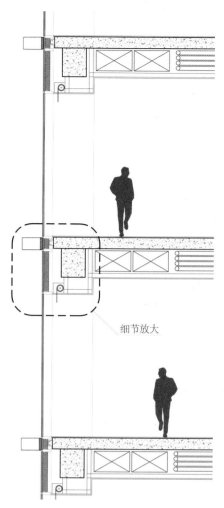

细节放大

建筑细节图

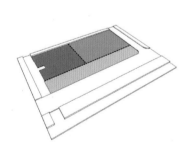

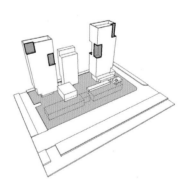

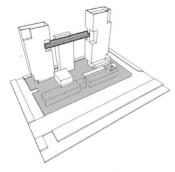

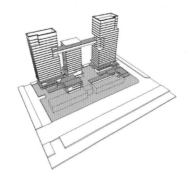

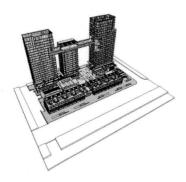

体块生成图

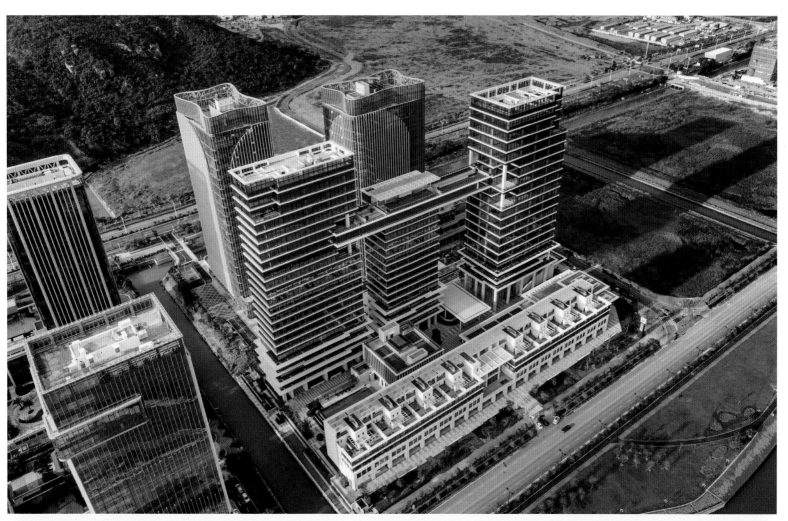

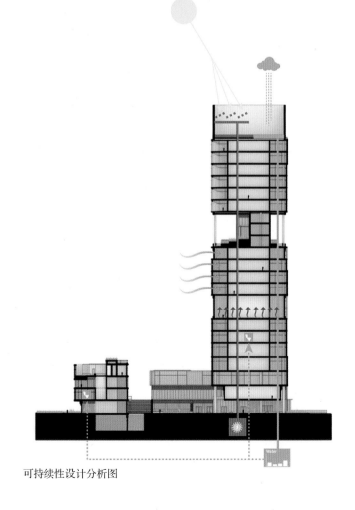

可持续性设计分析图

沧州明珠国际服饰生态新城会客中心

▶ **设计公司:** 上海严旸建筑设计工作室
主创建筑师: 严旸、贺茂峰、严昱
施工图设计: 河北晶程建筑设计有限公司
项目地点: 河北,沧州
完成时间: 2020 年
总建筑面积: 26 666.8 平方米
项目摄影: 彼得·迪克西(Peter Dixie)/ 洛唐建筑摄影
主要用材: 清水混凝土、黑洞石、木丝水泥板、竹钢板、水磨石砖

景观轴测图

项目位于沧东经济开发区明珠国际服装产业特色小镇内,意在成为一处开放、友善、自然、具有吸引力的综合型公共交流、休闲、展示空间,并将这种精神向整个产业园区扩散及延伸。

地块西南角已有一栋建筑作为研发及办公空间在使用,所以原本方形的地块缺了一角,呈 L 形。设计师在做整体规划时,不仅要考虑这栋具有鲜明形式感的老建筑与新建筑之间的关系,还须考虑两个建筑之间的动线与关联。由于西南角的建筑体量和高度都不小,从整体体量关系上考虑,设计师将最高的建筑体设置在对应的东北角上,以此来平衡整个建筑群之间的形态。

在功能空间分布上,设计师将使用功能、生活社区与配套服务进行叠加,以开放的进入方式进行串联,试图创造出一个立体的复合型空间,将商业、展示、工作和居住、生活、休闲功能融为一体,达到共存并置的理想状态。

为了避免整个建筑的体量过于庞大,设计师试图通过体块的错位穿插与高低错落的组合方式来构筑空间的构成元素,同时在体块与体块之间形成大量的庭院与灰空间。虚与实的转换成为空间的叙事脉络,灰空间使不同的功能建筑主体与庭院空间形成自然过渡。

真实是在整个设计中设计师想要贯彻的一个重要理念。不过度装饰,追求材质与空间的真实呈现,从前期功能配置到实际建造尽可能地清晰,避免反复拆改造成浪费。设计师选择清水混凝土这种低调、朴素的材料来建造,也是想避免做过多的装饰面,从而可以一次成型。设计师还用近乎裸露的方式将结构美感与实际力学融合,同时通过制造光影来塑造空间。

▼ 拓展阅读

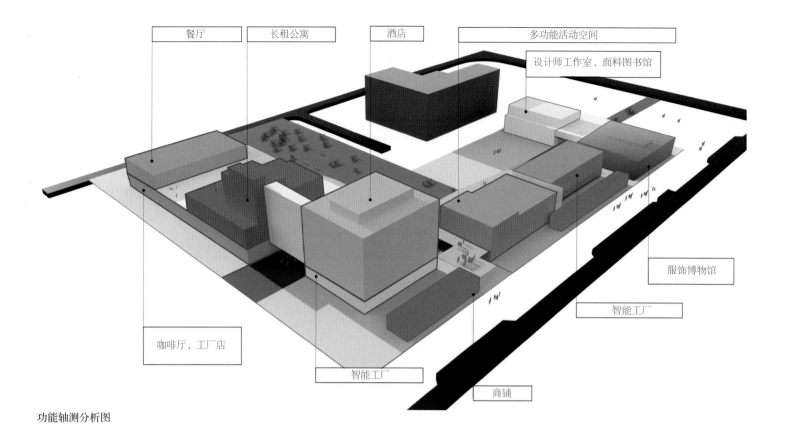

餐厅　长租公寓　酒店　多功能活动空间

设计师工作室、面料图书馆

服饰博物馆

智能工厂

咖啡厅、工厂店

智能工厂

商铺

功能轴测分析图

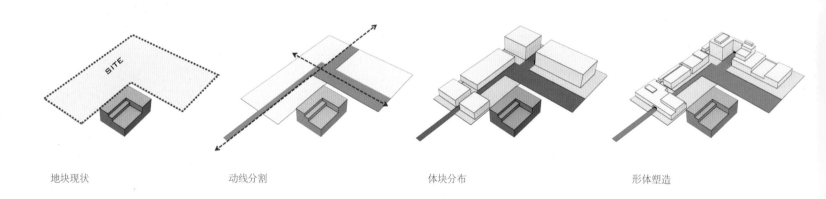

地块现状　　　　动线分割　　　　体块分布　　　　形体塑造

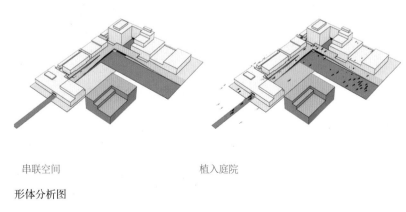

串联空间　　　植入庭院

形体分析图

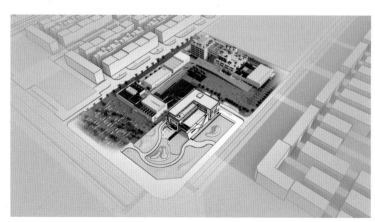

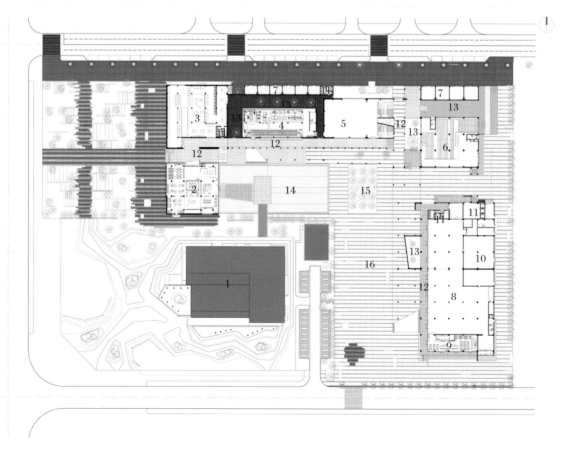

1 研发中心
2 面料图书馆与设计工作室
3 服饰博物馆
4 智能生产工坊
5 多功能活动厅
6 衬衣生产工坊
7 沿街商铺
8 工厂店品牌售卖场
9 咖啡厅
10 设备间
11 卫生间
12 连廊空间
13 内庭院空间
14 景观水池
15 中心树阵
16 广场

一层平面图

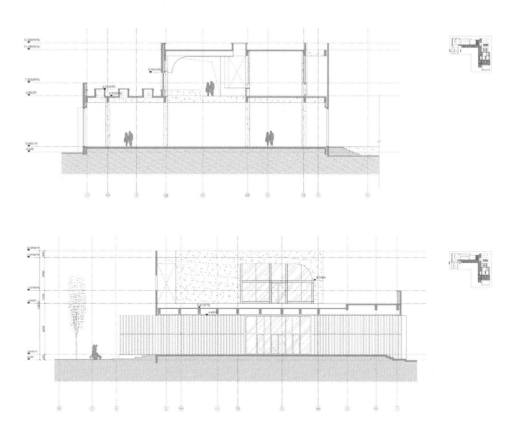

剖面图

武侯星悦荟

▶ 设计公司：柯路建筑

主创建筑师：杨克（Jan Clostermann）、张志、李琳、塞巴斯蒂安·罗埃萨（Sebastian Loaiza）、
克里斯托弗·比金（Christopher Biggin）、 亚历桑德拉·塞巴斯蒂亚尼（Alessandra Sebastiani）、
钟亚迪、赵晶爽、蔺明瀚、王雅熙、丁乔、李明（Myung Lee）、瓦伦蒂娜·科洛申科（Valentina Kholoshenko）

项目地点：四川，成都

完成时间：2020 年

场地面积：30 243 平方米

总建筑面积：108 940 平方米

项目摄影：存在建筑

结构形式：钢混结构 + 局部钢结构

主要用材：喷绘铝材、穿孔铝板、波纹不锈钢、芝麻黑花岗岩

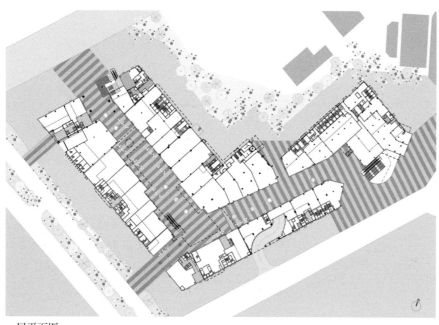

一层平面图

武侯星悦荟位于成都市西南部的武侯区，紧邻武侯大道主路，拥有双地铁，可辐射整个武侯新城区居住人群及产业。项目旨在创造出可以兼容居住空间、邻里社交空间、商业空间的"三体成都"空间系统。

平衡交织、垂直向上，整个项目从低至高分别为商业空间、社交空间及居住空间。低层为商业空间，活力及吸引力十足，可充分实现运营价值。高层为住宅，窗口临街，空气流通，风光上好。

因为武侯星悦荟包含商业、公寓、办公等多种业态，所以设计需要解决综合类项目业态相互影响、干扰的问题，从而形成一个社区与商业互惠互利、共同成长的"自循环"空间系统。

青年公寓、都市农场、绿色实验室、景观台阶等室外氛围较强的空间贯穿于整个项目的南北两区之间，营造出多层次的公共空间，满足人们关于健康运动、自然融入、生活方式拓展及探索、情感社交等方面的多元需求。

沿街的北入口以景观台阶、大雨棚和中空玻璃的宴会中心引人入内，在入口处打破室外台阶的空间界定，延伸了雨棚和两侧建筑的体量。进入由住宅体量围合出的庭院，市井的街区生活被向上的垂直动线串联了起来。容纳了超市、餐饮等业态的下沉广场透过圆形的中庭与电影院、舞台、快闪活动平台遥相呼应。

南部街区置入了以创造互动、自我提升和幸福感为主题的业态，包括户外篮球场、都市农场等。向北延伸的区域，设置了以庆典、艺术和以未来感为主题的空间，包括电影院、酒吧餐饮街及聚会活动中心等。

▼ 拓展阅读

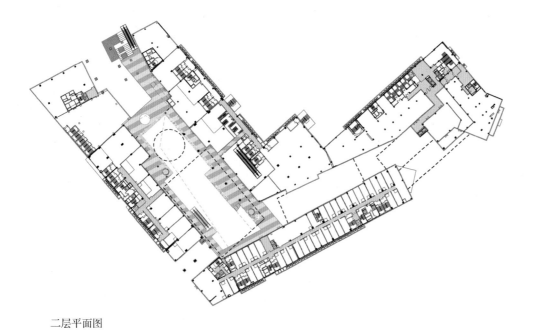

二层平面图

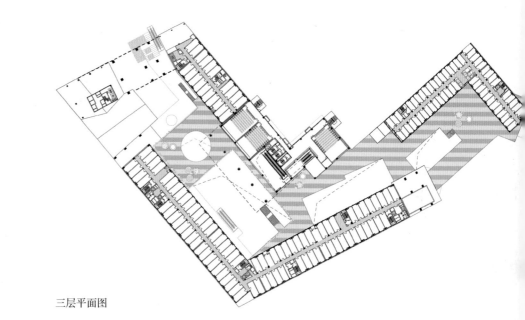

三层平面图

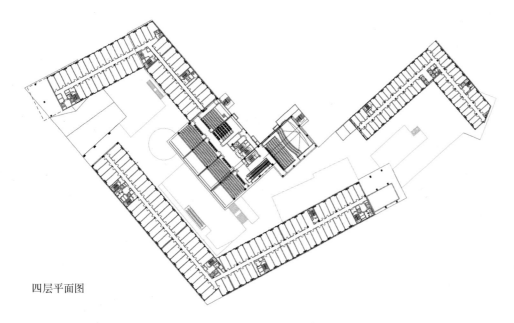

四层平面图

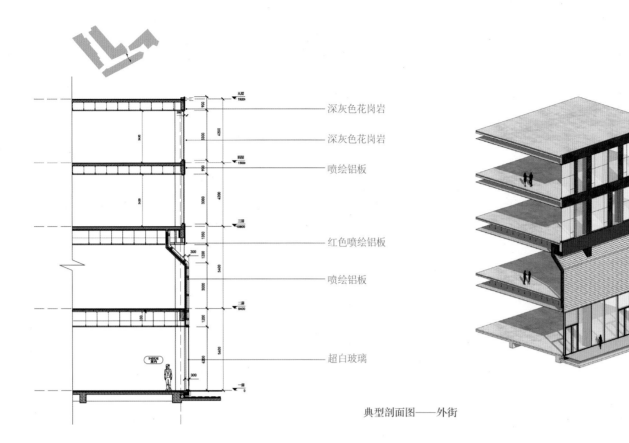

深灰色花岗岩

深灰色花岗岩

喷绘铝板

红色喷绘铝板

喷绘铝板

超白玻璃

典型剖面图——外街

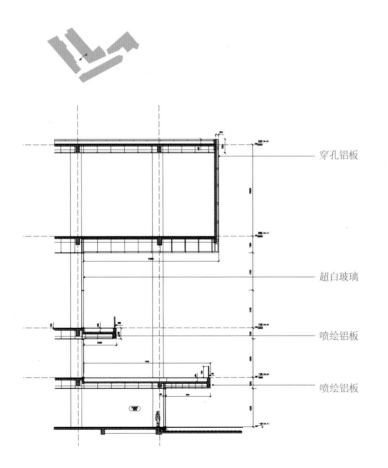

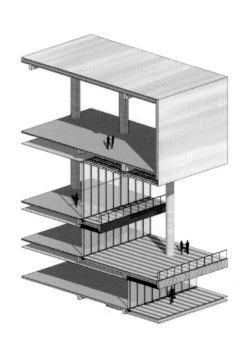

穿孔铝板

超白玻璃

喷绘铝板

喷绘铝板

典型剖面图——电影院

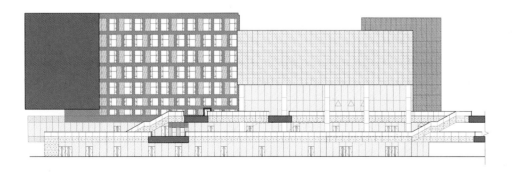

立面图

泰山九女峰书房及休闲配套设施

▶ 设计公司：line+ 建筑事务所、gad
主持建筑师：孟凡浩
项目地点：山东，泰安
完成时间：2020 年
总建筑面积：567 平方米
项目摄影：章鱼见筑、金啸文
结构形式：书房——主体钢结构，屋顶膜结构；泡池——钢结构
主要用材：书房——膜材、钢材、毛石；泡池——钢材、白色喷涂、镜面不锈钢

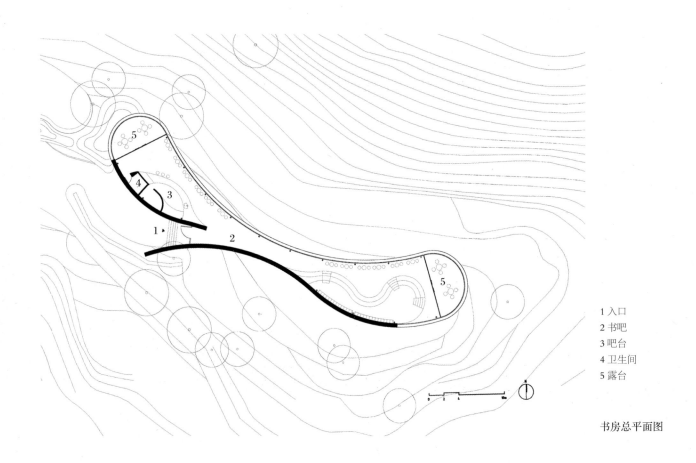

1 入口
2 书吧
3 吧台
4 卫生间
5 露台

书房总平面图

基地东临泰山，毗邻神龙大峡谷，四面环山，拥有俯瞰峡谷沟堑，远望山峦诸峰的广阔视野。"重如泰山，轻如浮云"，在北方多岩石裸露的厚重山峦之上，反差性地留下空灵的白，成为设计最初的设想。泰山的壮美崇高，九女峰质朴内敛，设计师希望在此建造"悬停于山间的飘浮云絮，遗落于云海的剔透珍贝"。大道至简，以轻盈回应厚重，以至简回应壮阔，以最简洁直接的方式将其归于自然，与自然共生。

沙漏形书房的飘浮体量依山就势，曲线廊道亦从平面上自然过渡到动静公区。钢体系与膜结构结实、可靠又轻巧，在坡顶以自然曲线勾勒出轻薄舒展的造型。大面积无框玻璃窗收揽外部优美的风景，通透的条形玻璃高窗构筑暧昧的边界，人工砌筑的厚重毛石墙面基座体现地域特征。

泡池建筑整体形态以行云流水般的弧面造型创造出"更衣"与"海浴"两部分。珍贝形泡池开口面向山林，既揽收山间景，又满足私密性的需求。健身房面朝村落，利落的"贝壳"开口具备入口导向性，与泡池背倚相对，各朝一方，退让出室外景观的缓冲区域。建筑构造尽可能简化，大悬挑的异形曲面钢龙骨为自由的形体提供技术条件，外覆保温层加盖不锈钢表皮，经过高精准的曲面拼缝与反复的细致打磨，最后喷涂白色漆料，营造纯粹、流畅的建筑外形。

▼ 拓展阅读

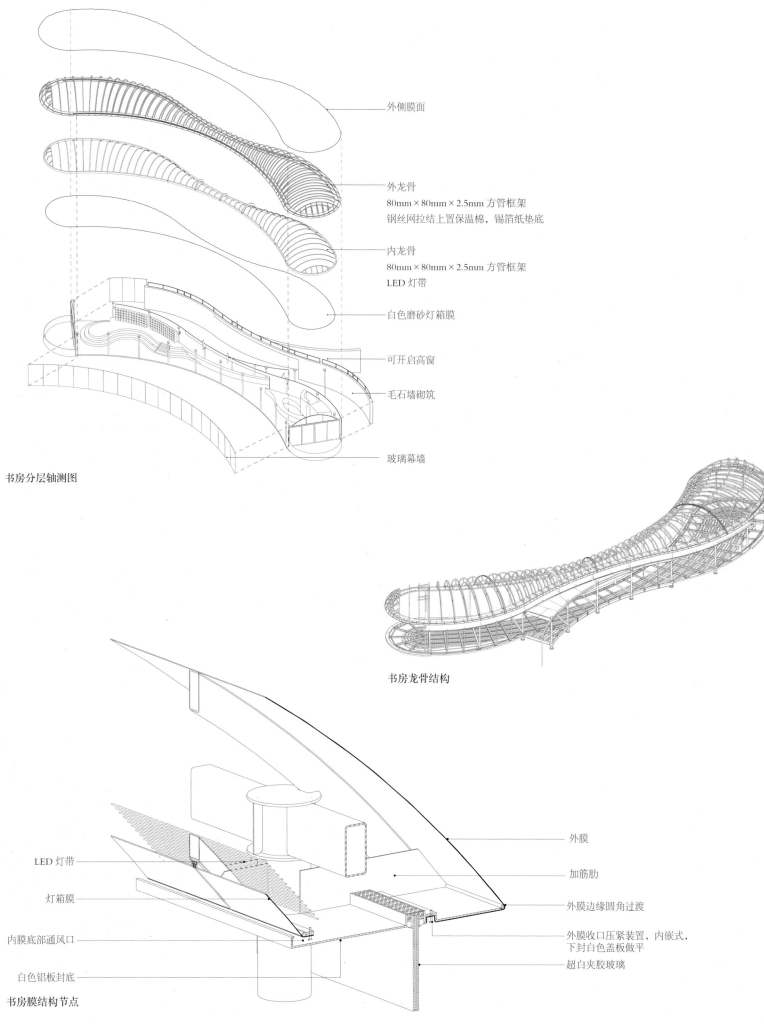

外侧膜面

外龙骨
80mm×80mm×2.5mm 方管框架
钢丝网拉结上置保温棉，锡箔纸垫底

内龙骨
80mm×80mm×2.5mm 方管框架
LED 灯带

白色磨砂灯箱膜

可开启高窗

毛石墙砌筑

玻璃幕墙

书房分层轴测图

书房龙骨结构

LED 灯带

灯箱膜

内膜底部通风口

白色铝板封底

外膜

加筋肋

外膜边缘圆角过渡

外膜收口压紧装置，内嵌式，
下封白色盖板做平

超白夹胶玻璃

书房膜结构节点

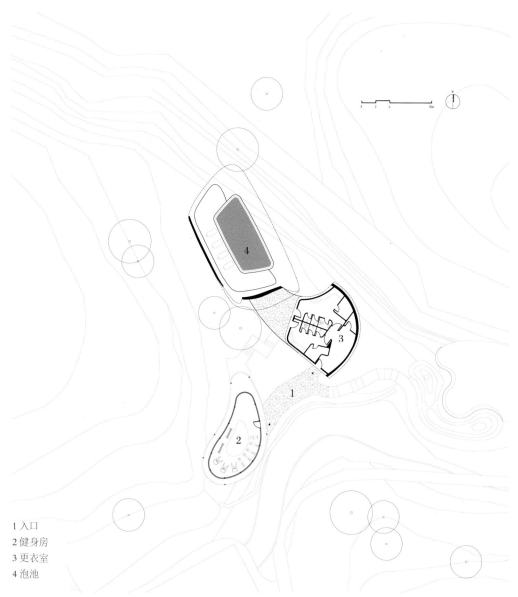

1 入口
2 健身房
3 更衣室
4 泡池

泡池平面图

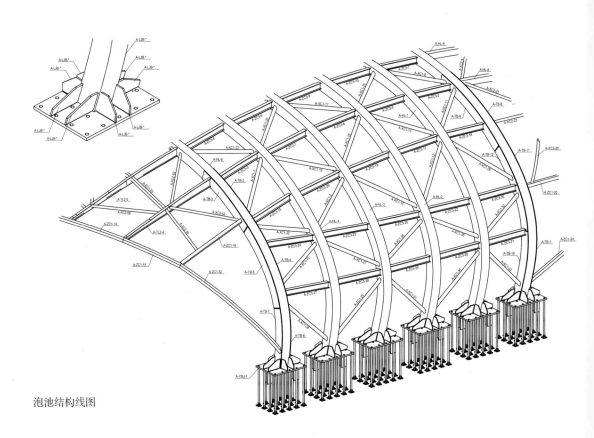

泡池结构线图

贵阳万科观湖示范区

▶**设计公司：** 华通设计顾问工程有限公司第二总师工作室
主持建筑师： 范黎
设计团队： 矫健、王维、王可为、金星、温雯、刘丹
施工图设计： 重庆长厦安基建筑设计有限公司
室内设计： 壹方设计、深圳梵一舍室内装饰设计有限公司
景观设计： 深圳道远景观设计有限公司
项目地点： 贵州，贵阳
完成时间： 2020 年
场地面积： 25 800 平方米
总建筑面积： 2400 平方米
项目摄影： 金伟琦、赵彬

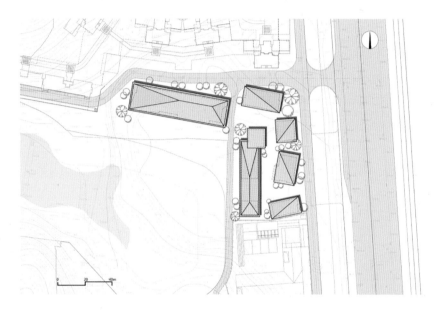

总平面图

贵阳万科观湖示范区项目选址于贵阳市花溪区，四周群山环绕，东临城市主干路花冠路，西临广阔秀美的水库景观，城市、湖面、山脉、林地都可尽数纳入视线。建筑设计的概念来自对场地的阅读。如何对待建筑与场地的关系，成为建筑师最初设计思考的起点。

建筑师希望在展示品牌价值的同时，构筑因境而成、居景错综的建筑空间，使项目可以完美地融入当地丰富的文脉语境中。设计根植于独有的自然环境，在适度营造商业氛围的同时，寻求建筑与自然互补而共生的关系，并给来访者提供一份独特的山水景观。

用地围绕水景呈 L 形展开，兼顾东侧城市展示面及西侧珍贵的水景界面。项目采用聚落式布局，通过若干建筑体块疏密有致地围合引导，形成有张力的空间，最大限度地增加商业展示面，同时结合景观递进、步移景异等设计手法，营造丰富多变的空间体验。

商业街由幽静的林道引入，峰回路转处，如画卷般的山水框景随之映入眼帘。在此，人们还能感受商业街丰富活泼的建筑表情。建筑与自然互为关联，吸引人们走进场地，感受设计的叙事。

来访者在展示中心室内通过开阔通透的玻璃幕墙领略青山秀水的居住环境后，经由滨水景观路径到达样板间区域，起承转合，置身山水之间。

示范区建筑形式语言与地域文脉相结合，取意贵州传统民居聚落式布局以及石板房坡屋顶形式，与周边山体起伏变化的自然轮廓相呼应。

建筑设计舒展低调，水平向展开，立面采用轻盈的玻璃幕墙穿插以木色格栅，屋面飘逸，建筑体量消失于房檐投下的影子里，看上去好像消除了将内外分隔开来的构建。如此，影子将建筑的内与外、建筑与自然融合在一起。

▼拓展阅读

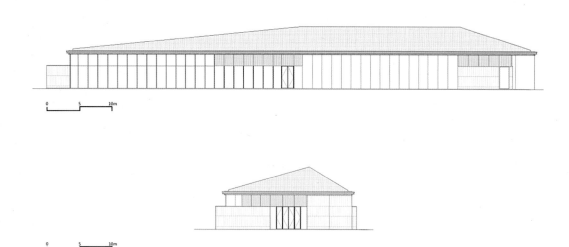

展示中心南立面

签约中心立面图

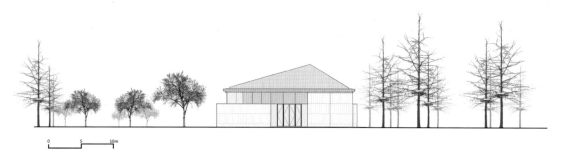

展示中心北立面

东立面

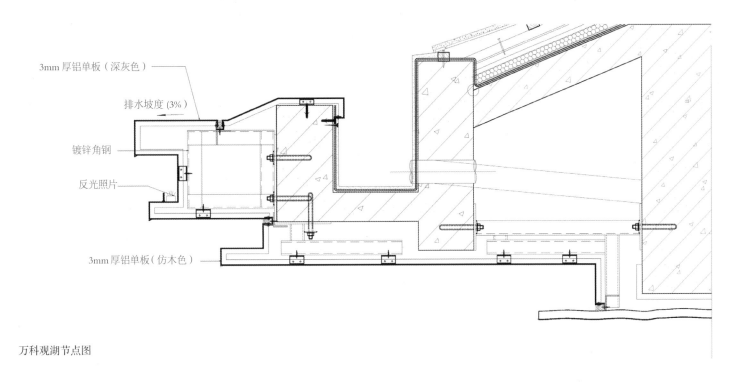

3mm 厚铝单板（深灰色）

排水坡度 (3%)

镀锌角钢

反光照片

3mm 厚铝单板（仿木色）

万科观湖节点图

苏州湾体育公园休闲配套

▶ 设计公司：平介设计

主创建筑师：杨楠

合作设计：上海衡泰建筑设计咨询有限公司

软装设计：苏州凡末私享设计顾问有限公司

项目地点：江苏，苏州

完成时间：2021 年

场地面积：1500 平方米

总建筑面积：600 平方米

项目摄影：徐英达

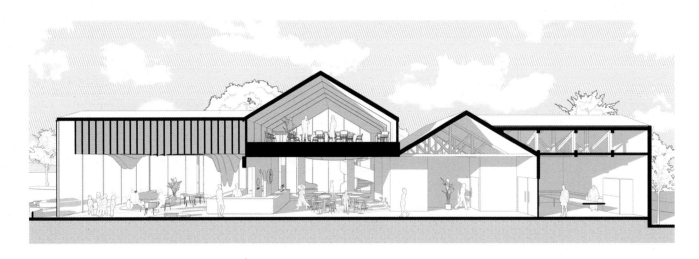

剖透视图

站在一座新城的角度去思考，公园里不可或缺的休闲配套其实是可以尝试更多可能性的。这种在公园里与大众紧密相关的配套建筑，大多仍处于完善基本功能需求的阶段，而其未来更多的可能性也是在这个层面上提升的，这样的改善表达的是所在城市的调性、关怀以及发展的态度与定位。

设计团队想在太湖边做出一个有创造力并且能够成为公园区域性地标的建筑物，用简易的方式去设计和建造，让它能够提升城市公共空间的体验性，让人在公园中感到轻松与自然，让建筑尽可能地融于环境。项目原是公园内的一处木制剪力墙结构的配套用房。作为太湖新城的核心，客户希望通过对原有建筑的改造，给周边居民及外来游客提供一个休闲聚集点，令人们无论在挥洒过汗水的运动后，还是在滨水漫步的午后，都可以在此休憩、用餐和聚会。

形体的设计基于原有木制建筑的结构，错落穿插的体块生成了丰富的内部空间。白色的穿孔板与大面积的落地玻璃也被运用于设计中，形成了对内和对外两个不同的立面，一面朝向太湖，反射的效果令这个体量不大的建筑充分融入周围环境，让建筑映射人和城市的表情。另一面朝向球场形成庭院，同时与公园以及场地建立紧密的关系。

圆形地面的院子步道与金属球形雕塑作为主入口，简洁大方。大面积的白色穿孔铝板，给人明亮轻松之感，引领来者进入馆中。

▼ 拓展阅读

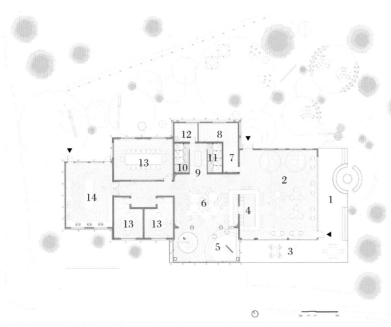

一层平面图

1 户外派对区	8 储藏间
2 灵活布局区	9 洗手间
3 室外露台	10 男卫生间
4 吧台区	11 女卫生间
5 下沉亲子区	12 清洁间
6 艺术吧台区	13 贵宾室
7 配电间	14 厨房

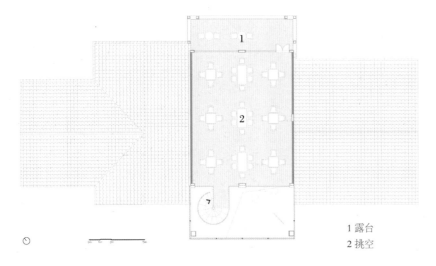

1 露台
2 挑空

二层平面图

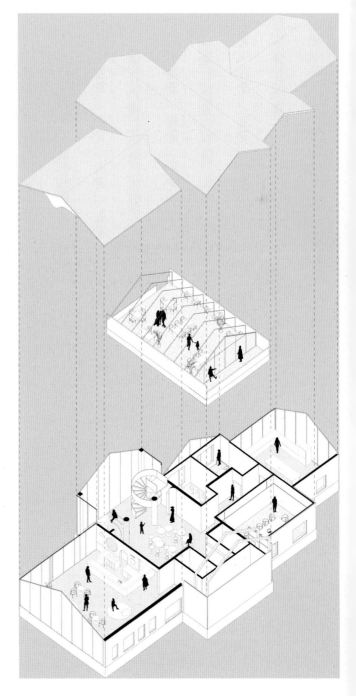

分解轴测图

郑州芝麻街 1958 双创园区改造

▶ **设计公司：** 汉米敦（上海）工程咨询股份有限公司
主创建筑师： 沈英
上海产业转型发展研究院策划： 严含
项目地点： 河南，郑州
完成时间： 2020 年
场地面积： 433 333 平方米
总建筑面积： 550 000 平方米
项目摄影： 刘啸

总平面图

有着 60 年历史的郑煤机老厂区，坐落在郑州中原区核心城区。近年来，老厂区拟改造为集文创、科创、婚庆、体育、教育等功能为一体的双创园区，本案设计师负责项目的整体规划及一期单体建筑设计。该项目不同于一般的"旧屋改造"，是一份兼顾城市规划、文脉保护、生态可持续性等多重社会功能和文化价值的意义非凡的工作。

设计尊重现有的厂房立面形象和结构，尽可能保留厂房的历史记忆，将覆盖在墙体表面的白灰抹面敲除，露出原有的红砖肌理，拆除部分结构和功能已不适用于现代生活的建筑。新建建筑采用通透的玻璃幕墙和灰色不加装饰的墙面，以低调而不张扬的姿态，融入老建筑群，红砖水泥的"旧"搭配玻璃幕墙的"新"，达到新旧和谐融合的理想状态。

设计保留了厂区的大跨度空间，把屋顶的厚重混凝土更新为更为轻巧结实的轻型预制板，同时增设两个长方形天窗，将外部阳光引进建筑，创造人们休憩和交流的灰空间。

西侧商业入口部分保留了建筑的原始入口，并在山墙左侧设置橱窗，增加商铺的通透感；同时预留商业外摆区域，营造亲切友好的城市界面。

园区以明快的颜色对比、低调融合的形体演绎建筑重生后散发的生命力。自改造完工后，熙熙攘攘的商业界面以及明快的办公界面让建筑重生，仿佛与繁盛的工业时代在空间叙事中叠合交织，过去的事物终于再次与未来产生关联。

▼ 拓展阅读

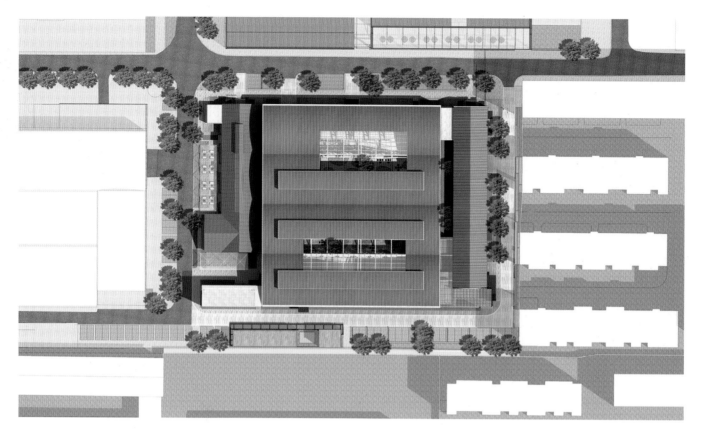

南区总平面图

剖面图 1

剖面图 2

紫荆天街

▶设计公司：LWK + PARTNERS
主创建筑师：张家豪
项目地点：浙江，杭州
完成时间：2020 年
场地面积：28 557 平方米
总建筑面积：68 000 平方米
项目摄影：LWK + PARTNERS

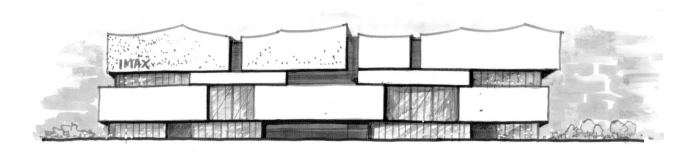

手绘图

紫荆天街坐落在杭州西湖区五里塘河畔，以文化及健康为主题，错落交叠的空间承载了多元化的休闲及健康设施。建筑汲取了传统徽派建筑的重要精髓，淡雅、简洁且充满文化内涵，并以活泼的现代设计语言重新演绎后，成了区内零售新地标。

外立面采用了色彩低调的材料和简约的肌理，屋顶造型参考了古老的杭州建筑，与周围环境和谐统一。传统坡屋顶以现代化的弧线演绎，建筑体量做交错处理，形成悬挑结构及一系列空中庭院，就如中国传统院落一般，为人提供宁静的歇息空间。银白色的外立面吸取了徽派建筑大气的白墙特色，并采用超薄铝板，模仿粗糙自然的砖墙质感。

项目通过一系列天窗、外立面开口和下沉式广场引入大量天然光，并与河畔花园建立联系，引导人们到水滨休憩流连，强调将自然环境融入日常生活。商场设计创意运用虚实空间，外立面更特设多处垂直开口，透入的阳光在地面投射出斑驳的影子，形成清新雅逸的视觉及空间体验。

紫荆天街不只为社区带来了崭新的零售空间，更提升了当地人们的生活质量。人们可以利用地面的公共广场及花园、空中平台、室内篮球场、户外缓跑径等各个苍翠碧绿的开放空间，在繁忙的日子里稍作休息，或与亲友度过一个悠闲的下午。在烈日当空的中午或烟雨蒙蒙的季节，沿街设置的悬挑结构更可供行人遮阴避雨。

▼拓展阅读

总平面图

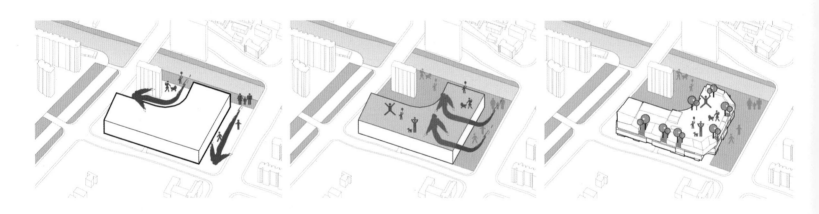

规划图

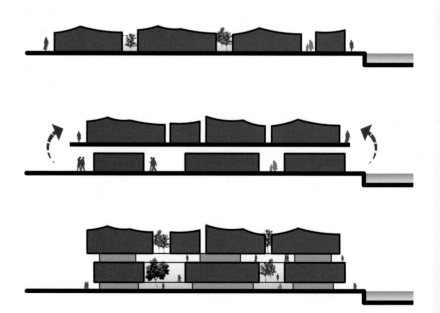

体块生成图

剖面概念图 1

剖面概念图 2

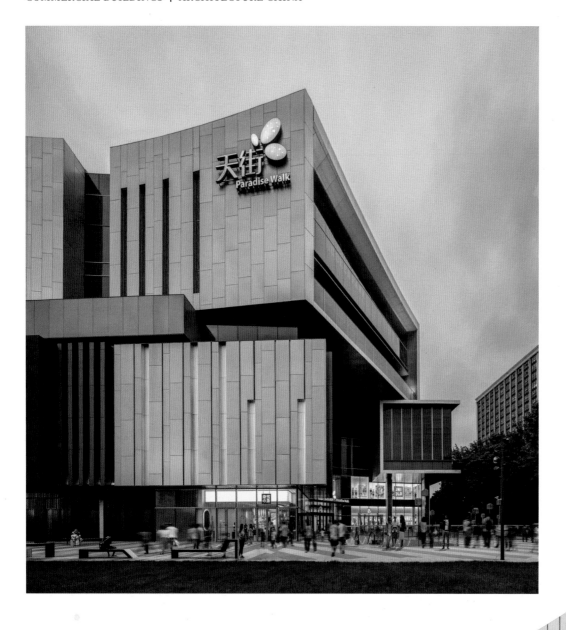

立面模型

香港置地重庆光环购物公园

▶ **设计公司**：湃昂国际建筑设计顾问有限公司

主创建筑师：徐子苹

施工图设计：重庆市设计院

景观设计：澳派景观设计工作室

灯光顾问：上海碧甫照明工程设计有限公司

幕墙顾问：科进柏诚工程顾问公司

项目地点：重庆

完成时间：2021 年

场地面积：62 863 平方米

总建筑面积：421 424 平方米

项目摄影：清筑影像（CreatAR Images）

结构形式：框架结构

主要用材：玻璃、铝板、陶板、石材砖

 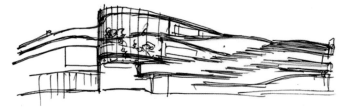

手绘图

香港置地重庆光环购物公园是香港置地全新商业品牌"The Ring（光环）"系列的首个落地项目。项目总建筑面积约 42 万平方米，其中约 17 万平方米为超大购物中心及商业街，11 万平方米为超 5A 甲级写字楼，还有 7 万平方米为室内外城市绿色公园。

项目融合可持续发展理念及艺术文化、社交功能、活力购物等于一体，展示了"城市自然共同体"的创新理念，为重庆打造了"植物园生态购物中心"的地标级区域商业中心。

设计最大的亮点无疑是纵跨 7 层、高达 48 米的大尺度植物园"沐光森林"——穹顶覆盖下的多层退台式绿植空间。细致的视线规划及空间营造，让植物园的绿色在横向空间中最大限度地延展，并与商业动线紧密连接。顾客可以随时在购物和休憩模式之间切换，从而减少传统商业空间给消费者带来的"被围困式"的压迫感和紧张感。

项目利用基地原有高差,在主入口处设置下沉城市广场,结合绿植水系打造绿化休憩空间，其上设置的交通连廊在构建动线的同时营造到达感，呈现出多层次的环境体验，并与办公塔楼及周边社区建立活力纽带。

在面向城市道路的一侧，项目通过景观退台的设计，在视觉上形成了"梯田式"造型，弱化建筑体量对周围环境的压迫感，同时以垂直绿化加强建筑与周边环境的视觉联系。

在竖向维度上，屋顶花园是引导向上人流的重要驱动。6 层影院处设置的室外活动平台，向上与屋顶花园连接，可结合不同主题举办活动，形成除屋顶、入口广场之外的空中活动广场，也为消费者营造了不同的空间体验。

在立面设计上，依然以自然元素为灵感，提取"峰林云境"的设计意向。感性的表达之下是理性的推敲，立面纹理以创新的参数化设计逻辑，推演标准模数，实现模块标准化，从而营造艺术化、富有节奏的美感。

▼ 拓展阅读

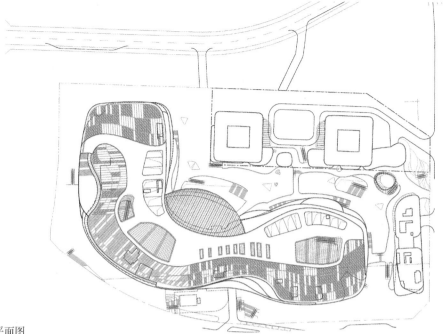

总平面图

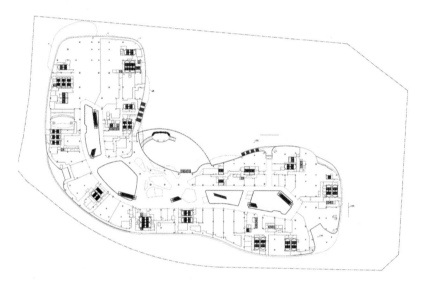

三层平面图

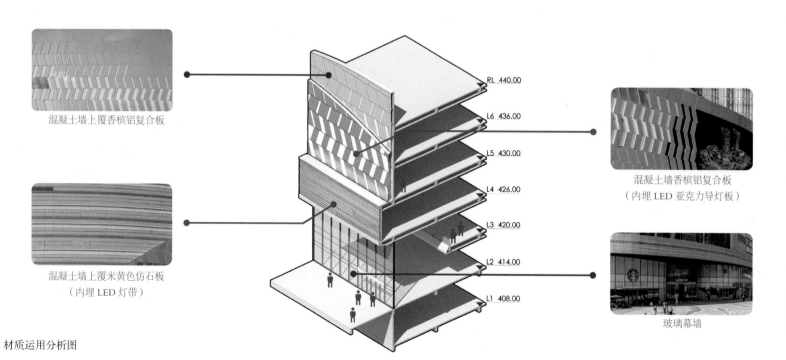

混凝土墙上覆香槟铝复合板

混凝土墙上覆米黄色仿石板
（内埋 LED 灯带）

混凝土墙香槟铝复合板
（内埋 LED 亚克力导灯板）

玻璃幕墙

材质运用分析图

RL 440.00
L6 436.00
L5 430.00
L4 426.00
L3 420.00
L2 414.00
L1 408.00

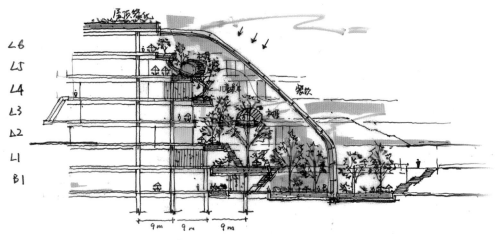

L6
L5
L4
L3
L2
L1
B1

9m　9m　9m

植物园剖面图

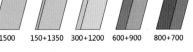

1500　150+1350　300+1200　600+900　800+700

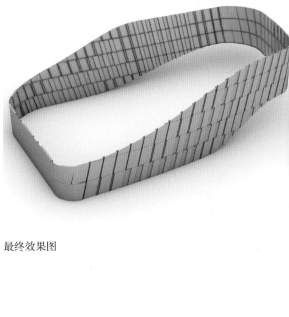

最终效果图

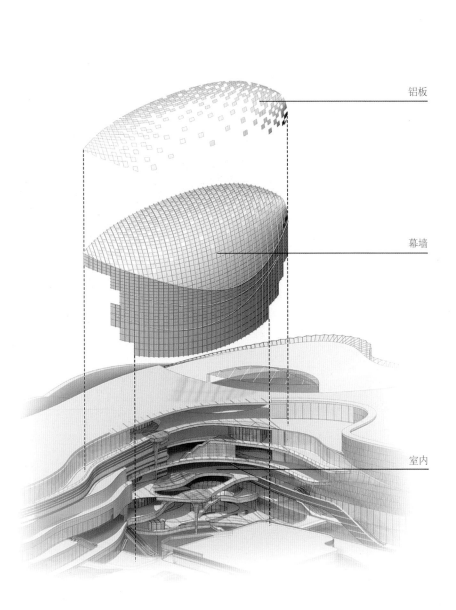

铝板

幕墙

室内

植物园玻璃幕墙

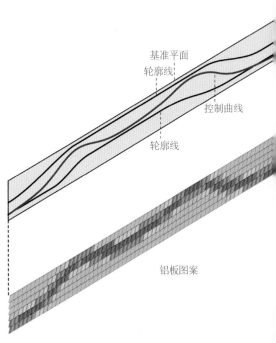

基准平面
轮廓线

控制曲线

轮廓线

铝板图案

参数化设计

植物园剖面图

朵云书院黄岩店

▶ **设计公司：** Wutopia Lab
主创建筑师： 俞挺
施工图设计： 上海呈煜空间设计有限公司、上海至烨建筑设计咨询有限公司
灯光顾问： 张宸露、蔡明洁
项目地点： 浙江，台州
完成时间： 2021 年
总建筑面积： 1726 平方米
项目摄影： 清筑影像（CreatAR Images）
主要用材： 涂料、亚克力、穿孔铝板、烤漆铝板、花岗岩、钢格网、砾石、微水泥

立面图

书院选址在永宁江边上一组四栋建筑中的 1、3 号楼。永宁江平静的江水给这座江边书店的设计带来了灵感。建筑的外立面采用白色穿孔铝板墙，连续的白色在江畔形成了一个复杂而纯粹的界面（通过控制穿孔率，立面上会形成云雾缭绕的层次），把书店藏了起来。连续的白色铝墙是用做加法的方式创造了视觉减法的效果。

如果把分散的 1、3 号楼及内部空间看成传统建筑群里的亭台楼阁和庭堂轩榭，整个建筑群还缺少一个作为重点的院子，因此建筑师在 1、3 号楼之间的空地上规划出一个方形的院子，但这个院子躲在 1、2 号楼（他人物业）之间的夹弄后面，建筑师便把这个夹弄变成了前院，成为书院的正式入口。

穿过层层门洞来到作为建筑主入口的 3 号楼，第一个区域是生活方式类图书区（厅），东侧是临水的咖啡区（榭）。从咖啡区到二楼的楼梯被设计成了结合交通功能的善本复制

品展示区（阁），而二楼则是未来的城市客堂间（楼）。书院的西侧加设了室内过道通往 1 号楼，这个过道被设计成了展廊（廊）。1 号楼首层是书店区域，入口是朵云特有的有态度的书架区（亭），转过入口向北进入书店主陈列区（堂）。经过收银台进入利用过道设计的阅读区（居），其后就是文创区（斋）。文创区的楼上是展览区（馆）。书店的楼上是个阶梯演讲区域（室）。二楼之间都用屋顶平台（台）相连，包括儿童嬉戏平台、镜面露台、有火塘的讨论露台和作为咖啡外摆的迷宫露台。

借用亭台楼阁和庭堂轩榭的类型建筑学，建筑师将功能和园林的建筑类型联系起来，使通过新庭院改建公共空间、整合建筑群这一举措更易理解。一个新书院建筑空间脱胎于历史建筑类型而成了一组分散的商业建筑，最后创造出一个新的视觉和空间形象。

▼ 拓展阅读

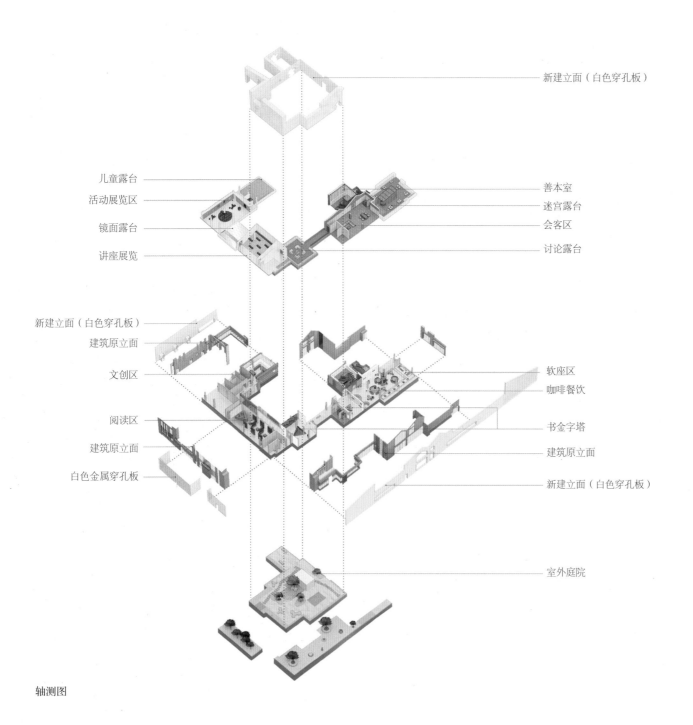

新建立面（白色穿孔板）

儿童露台
活动展览区
镜面露台
讲座展览

善本室
迷宫露台
会客区
讨论露台

新建立面（白色穿孔板）
建筑原立面
文创区
阅读区
建筑原立面
白色金属穿孔板

软座区
咖啡餐饮
书金字塔
建筑原立面
新建立面（白色穿孔板）

室外庭院

轴测图

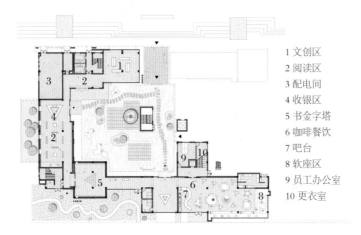

一层平面图

1 文创区
2 阅读区
3 配电间
4 收银区
5 书金字塔
6 咖啡餐饮
7 吧台
8 软座区
9 员工办公室
10 更衣室

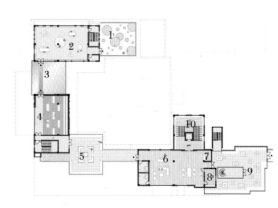

二层平面图

1 儿童露台
2 休闲展览区
3 镜面露台
4 讲座展览
5 讨论露台
6 接待区
7 茶水间
8 储藏室
9 迷宫露台
10 善本室

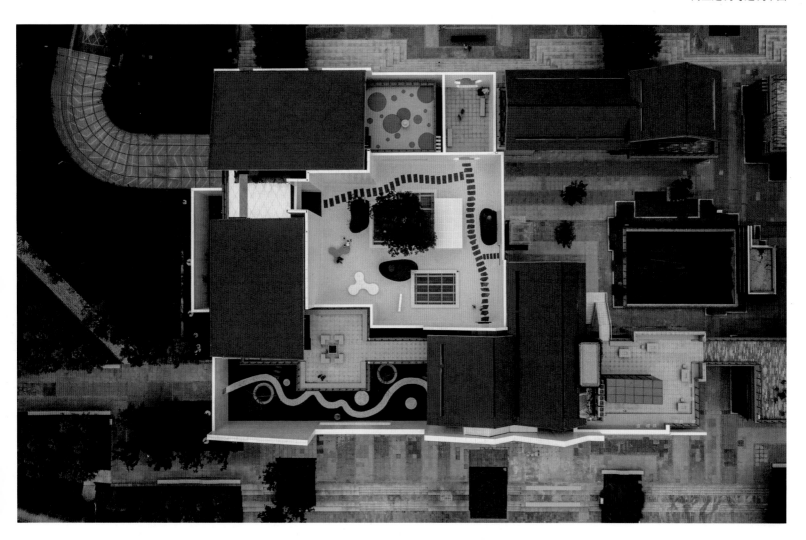

华侨城欢乐海岸格子空间

▶ **设计公司：** 深圳墨泰建筑设计与咨询有限公司
主创建筑师： 沈驰、梁智
合作设计： 中外建工程设计与顾问有限公司深圳分公司
项目地点： 广东，中山
完成时间： 2021 年
总建筑面积： 900 平方米
项目摄影： 曾天培

总平面图

这是一个改造项目，旧建筑位于中山市石岐区港口河岸边，恰巧处在大型文旅项目"欢乐海岸"用地的中心位置，种种因素导致其很可能被拆除，传统意义上的改造利用无法解决以上矛盾。建筑师与客户多次沟通后一致认为，通过"减量"，仍可对这座旧建筑加以利用，使其重获新生。它可以成为河边的小型文化场所，以更合适的体量与未来的大环境相融合，减轻对道路与河岸的压迫，还会成为沿河步行景观带上的一个富有活力的节点。

建筑师通过轻、透的手法使其成为一所"弱建筑"，让建筑与河道自然景观、岭南气候充分融合，联系两岸风景，成为一个可游可赏的开放场所。旧建筑被拆除了近80%，将结构框架直接显露，呈现出一个轻透、有趣、原始的格构空间。在保留的结构框架内，有些为室内空间，有些仅为室外灰空间，不同空间相互渗透，与河道景观、公共艺术等共同形成一个

多层次的"格构园林"。虚实相生，建筑师希望人们可以自由穿梭其中，通行、驻留、嬉戏。

由于旧建筑的层高较低，仅有 3.6 米，空调、设备管道等势必会造成空间高度的严重不足。为了确保功能空间的适用性、良好的展陈环境与空间高度，建筑师经过与多位专业人员的配合研究，在立面上增设了功能性的弧形构件，解决了暖通、机电、管道等多种设备问题。这个弧形构件，既是立面幕墙、壁挂式 VRV 空调室内机、设备管道、雨水管道的集成体，也隐约间与河岸的芦苇形成对话，为工业化的格构空间增添了自然趣味和独特性。由于空调、管道等的特殊处理，旧建筑的原始格构在室内空间也得以完全裸露。

▼ 拓展阅读

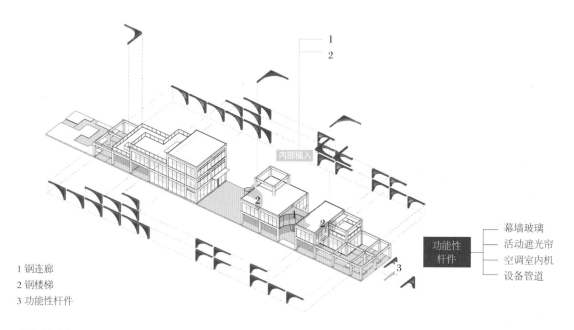

1
2

内部植入

功能性杆件 ── 幕墙玻璃
          ── 活动遮光帘
          ── 空调室内机
          ── 设备管道

1 钢连廊
2 钢楼梯
3 功能性杆件

改造分析图

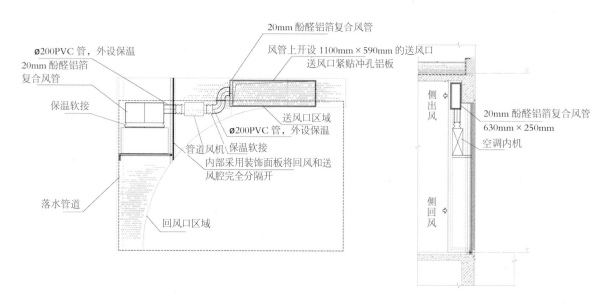

20mm 酚醛铝箔复合风管
风管上开设 1100mm×590mm 的送风口
送风口紧贴冲孔铝板

ø200PVC 管，外设保温
20mm 酚醛铝箔
复合风管

保温软接

管道风机　保温软接
送风口区域
ø200PVC 管，外设保温
内部采用装饰面板将回风和送
风腔完全分隔开

落水管道

回风口区域

侧出风

20mm 酚醛铝箔复合风管
630mm×250mm

空调内机

侧回风

孔铝板内部空调安装示意图

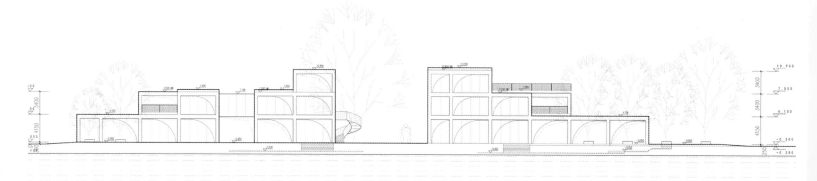

东立面图

扬州城市客厅

▶ **设计公司**：Mur Mur Lab 建筑事务所
主创建筑师：李智、夏慕蓉
灯光顾问：KXL 可行光造设计
幕墙顾问：上海力扬幕墙设计
项目地点：江苏，扬州
完成时间：2021 年
总建筑面积：1050 平方米
项目摄影：WDi 建筑摄影

总平面图

建筑场地位于扬州市西的一条小河边，沿着河向北 300 米就是明月湖。建筑场地原属于京华城游乐场，和国内大部分城市用地一样，这里虽然承载了丰富的记忆，但现在已是一片空白。项目的设计源于一个问题——城市中的那些日常功能，能否具有超越日常的精神性？"城市象征"就是这个问题的答案。一小部分空间类型，以其经久的形式，天然具有特殊的纪念性质，如剧场、教堂这种特殊的空间类型在城市中仅是少数，大部分还是与人们日常相关的餐厅、咖啡店、健身房、小商店……城市象征让这两者联系起来。从语义上看，"剧场"不再是一个名词，而转化成一个形容词："像剧场一样的"，再将其赋予那些日常的功能："像剧场一样的咖啡厅"，以此回到日常的体验之中，咖啡厅也就具有了某些超越日常的精神属性。以具体的形式表现抽象的意义，归根结底，这仍是一种类比的设计方法。

建筑物主要作为咖啡馆运营，不间断地有各类展览和活动。迎来送往，不同的人将在这里相遇，建筑师希望它兼具慷慨的城市公共性和亲切近人的空间尺度。建筑师期待这里成为一处具有人文精神的公共空间，多义的场所拥有灵活的建筑布局，不同的功能区域有各自独立的体量，若即若离地并置在一起。各自独立的建筑体量被罩在一层飘浮的轻纱之下：向内看，草地延伸到建筑里；向外看，周边有些杂乱的城市环境被隔开。

在平面图上看，小径在南侧入口处即分成左右两条，通向两个房间。左侧的大房间均质而平坦，混凝土柱子被特意设置成朝向不同的角度，模糊了空间的方向和秩序。右侧的长房间窄长且高耸，午后光线会从四周漫射，进入室内，通过随机而置的圆形投下点点光斑。

▼ 拓展阅读

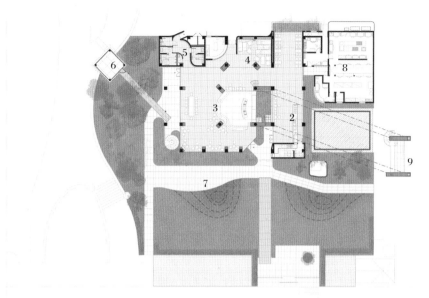

平面图

1 咖啡准备间
2 咖啡区域
3 多功能展厅
4 沙发区域
5 卫生间
6 包房
7 外摆区域
8 厨房
9 夹层

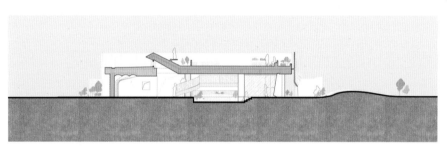

南北剖面图

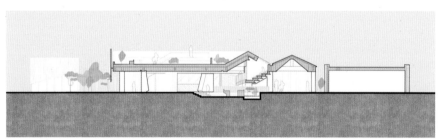

东西剖面图

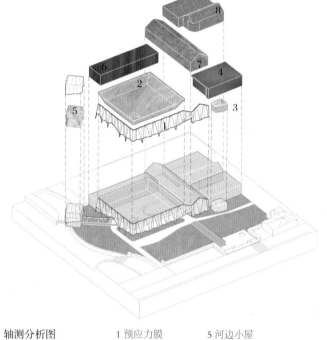

轴测分析图

1 预应力膜	5 河边小屋
2 斜屋面	6 功能性盒子
3 混凝土盒子	7 咖啡盒子
4 金属盒子	8 厨房

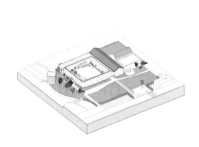

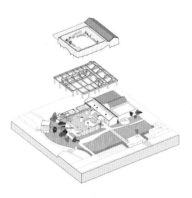

轴测分析图

福州茶馆

▶ **设计公司：**如恩设计研究室
主创建筑师：郭锡恩、胡如珊
项目地点：福建，福州
完成时间：2021 年
场地面积：2200 平方米
总建筑面积：1800 平方米
项目摄影：陈颢

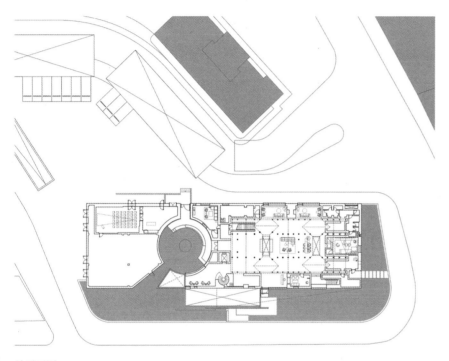

总平面图

　　福州茶馆的设计灵感来源于约翰·汤姆森（John Thomson）镜头里的福州金山寺。英国著名摄影师约翰·汤姆森是历史上最早到中国旅行的摄影师之一，他用影像向西方传递了东方的风景与文化。在摄影集《福州与闽江》里，汤姆森记录了 1871 年他沿闽江逆流而上的传奇旅程，并用相机捕捉到了这座罕见的建于河流之中的古寺。古老的庙宇静静地栖息于河流中的浮石之上，这个画面成了福州永恒的记忆。

　　建筑师用福州的历史文化作为画笔，将这座茶馆描画成了一件城市文物。茶馆内的古代木结构是典型的清代徽派建筑结构，其上充斥着丰富的装饰木雕，复杂而精美。建筑师将木结构包裹于新建筑结构之内，使其成为茶馆的点睛之笔。

　　茶馆被设想为休憩于岩石之上的房屋，如连绵山丘般的铜制屋顶高架于夯砼墙体之上，且与室内木结构的屋顶线相呼应。设计所采用的主要材料为夯砼，既表达了对当地传统土楼民居的致敬，也强调了原始的凝重感。走近建筑时，观者可以看到茶馆的两幅图像：建筑物的直立轮廓，以及周围水池中的倒影。

　　进入茶馆，踱步于一楼的古建筑中，观者仿若游走于明与暗、轻与沉、细与拙之间。光线从天井窗投射到内部结构深处，照亮了这座弥足珍贵的清代古宅。覆铜桁架将金属屋顶提高了半米，又将自然光影从侧面引入了室内。走到夹层楼时，古建筑原本的面貌才得以清晰地显露。身处于此，观者徘徊在历史之间，赏鉴精湛的木雕工艺。

　　茶馆在地下一层设有接待大厅、下沉式庭院和品茶室。圆形接待厅的顶部为一楼室外的露天水池，阳光透过水池底部的圆形玻璃投射到地下的接待厅，光影浮动，令人着迷。

▼ 拓展阅读

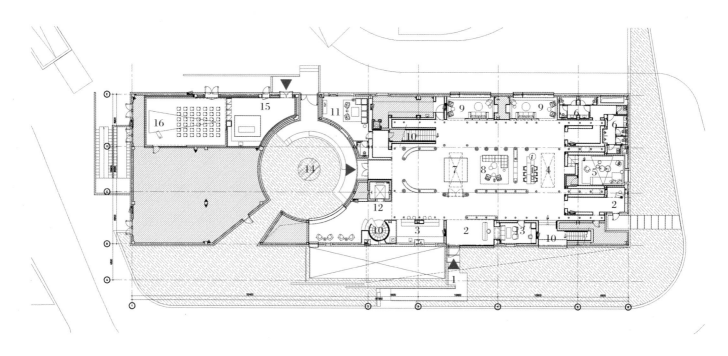

一层平面图

1 入口	5 影视厅	9 私人茶室	13 办公室
2 接待区	6 卫生间	10 楼梯	14 庭院
3 吧台	7 茶展示区	11 VIP 包房	15 前厅
4 茶室 / 休息区	8 休息室	12 电梯厅	16 多功能室

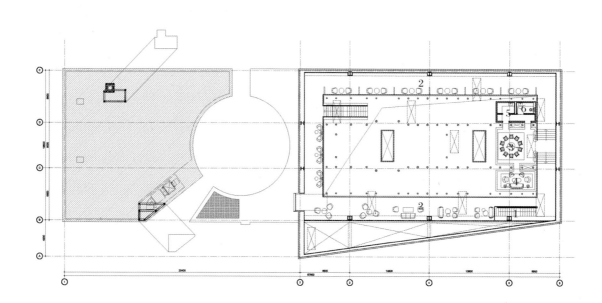

二层平面图

1 楼梯	5 备餐间
2 公共茶座	6 卫生间
3 私人用餐区	
4 私人休息区	

水发信息小镇产业展示中心

▶ **设计公司**：aoe 事建组建筑咨询有限公司
主创建筑师：温群
灯光顾问：北京光湖普瑞照明设计有限公司
项目地点：山东，济南
完成时间：2020 年
总建筑面积：5200 平方米
项目摄影：吴鉴泉

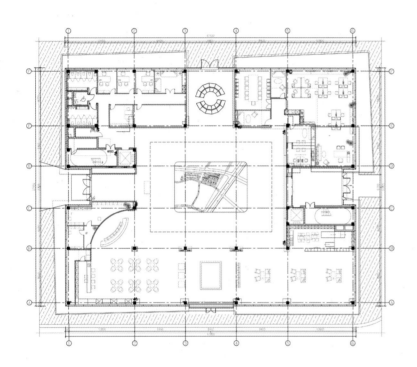

一层平面图

本项目位于距离济南市中心 20 千米的长清经济开发区，该区域尚未被大面积开发，周边环境杂乱，杂草丛生的农田里有很多高压线塔。为了让参观者获得最佳的观感体验，设计师隔绝周边环境，打造了一个相对封闭的空间。

建筑设计的灵感来自王维《山居秋暝》中的诗句"空山新雨后，天气晚来秋。明月松间照，清泉石上流"。四个"石块"体量相互交错，营造出似有一股清泉从石缝中流淌而出的意境。建筑通体由白色冲孔板组装而成，纯净淡雅。建筑的主要功能为住宅销售展示、产业展示和办公。主入口位于西侧，为了消除周围杂乱环境的视觉影响，广场四周设计了具有几何感的小山坡，随着人们深入场地，周边环境被逐渐遮挡在视线之外。

作为第二层表皮的冲孔板将建筑笼罩于内，形成一个相对封闭的空间。幕墙体块倾斜，相互依偎，内部相互交错，体块交接形成的缝隙自然地成为建筑的入口。所有的事件都发生在冲孔板幕墙覆盖的空间内部，内部空间透过不规则的缝隙与外界连通，透过白色的冲孔板若隐若现。建筑的室内是室外的延续，一个 4 层通高的大中庭作为沙盘区，成为整个空间的焦点，四周用冲孔板围合，并从天窗引入自然光，形成了一个极富仪式感的空间。

在景观的设计上，为了呼应济南"泉城"的盛名，建筑师沿主干道的展示面设置了大面积的跌水，水从 4 米高的石阶上层直跌而下。产业展厅的主入口设置在二层，被隐藏在跌水后方，需要通过连桥才能到达。走上连桥，外侧是涌动的跌水，内侧是宁静的水面，一棵迎客松伫立在宁静的水面中央，一侧是动，一侧是静，体现出"明月松间照，清泉石上流"的意境，在进入建筑前就将人从荒芜中拉进一个世外桃源。

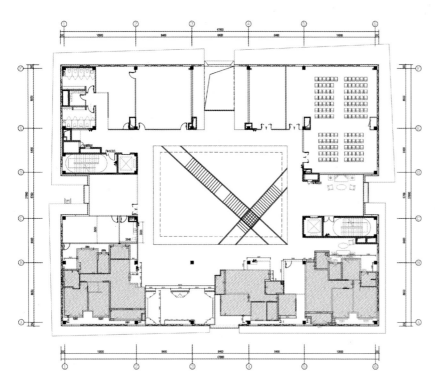

三层平面图

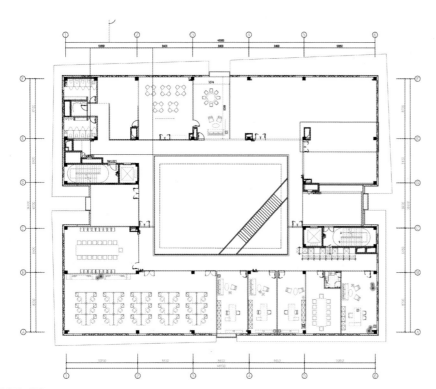

四层平面图

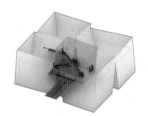

建筑生成图

Moments 摄影空间

▶ **设计公司：** 三橙立禾空间设计
　主创建筑师： 黄晨
　合作设计： 杭州久维装饰工程有限公司
　项目地点： 浙江，杭州
　完成时间： 2020 年
　场地面积： 1800 平方米
　总建筑面积： 545 平方米
　项目摄影： 云眠摄影工作室
　主要用材： 水磨石、镜面不锈钢、艺术涂料、米黄洞石

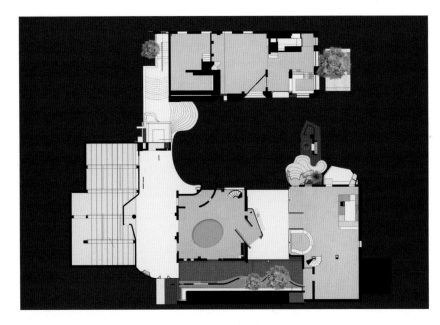

总平面图

项目位于杭州市滨江区，前身为杭州双鱼不锈钢厂。厂区中有宿舍、厂房、水塔、洗手池……断垣残壁虽大不如前，但仍保留着工业化的痕迹。"消解、重塑、共生"是该项目的逻辑——不完全推翻，不照旧保留，在曾经的基础上，融入当下文化需求。

杭州是全国网络零售商圈的发源地，而拍摄是商业零售模式中最重要的一环。整个厂区历经四个月的设计周期后，以另一种全新的方式延续了生命。厂区内的宿舍、厂房等建筑自 20 世纪 90 年代起从未翻新，时间在这里仿佛停滞了，厂区里每一处痕迹都承载着时代的烙印。建筑师修缮了保存尚好的建筑碎片，清理了无法修理的部分，加固了地基结构，保留了那个时代建筑的大体状态。

为了体现时间在空间内的流动感，在维持整个厂区建筑统一性的同时，又要确保各个造景在拍摄时的独特性，建筑师将厂房宿舍划分为两个独立的区域，分别设计了咖啡厅、酒吧、买手店及展厅等多元化场景，以满足模特对氛围及状态多元化的要求。

自来水塔作为双鱼不锈钢厂的标志被保留了下来，楼梯以柔软的质感自上而下缓缓"流淌"。新与旧在此交会，过去与现在建立联系，建筑之间对立融合的形态形成了独特的空间氛围。粗糙的颗粒肌理漆包裹着原厂的旧砖，是当下时代的兼容，也是曾经历史的延续。过去的砖墙与现在产生联系，在平静的外表下，蓬勃、粗犷、原始的生命力在此无声地张扬着。

建筑师利用坚硬的材质塑造柔软的形态，并使其与原本保留的木结构交会。现代材料与老旧意境在同一空间内相互碰撞、包裹、融合，形成了交错于时空的对话。

▼ 拓展阅读

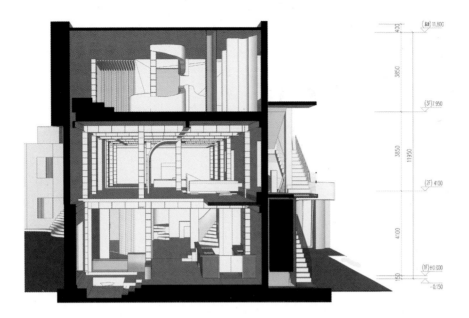

品牌展馆剖面图 1

品牌展馆剖面图 2

咖啡店剖面图

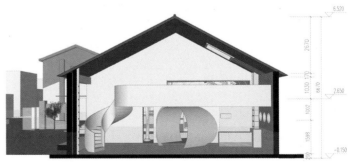

买手店剖面图

中国好粮油展示中心

▶ **设计公司：**小隐建筑事务所
主创建筑师：潘友才、杨喆、陈仁振
施工图设计：成都思纳誉联建筑设计有限公司
项目地点：四川，崇州
完成时间：2021 年
场地面积：7133 平方米
总建筑面积：1165 平方米
项目摄影：冯煜桃、大花猫
结构形式：钢结构
主要用材：钢材、小青瓦、劈开砖、防腐木、玻璃、木纹铝方通、石材、抛光混凝土

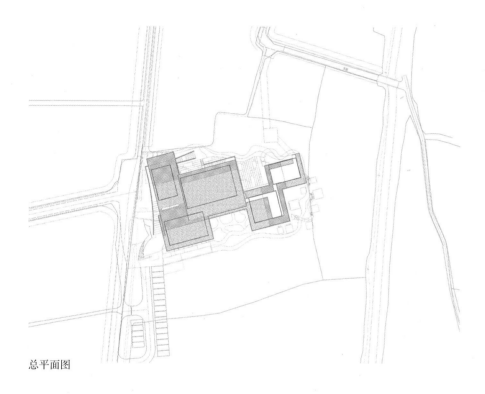

总平面图

"归还"是展示中心设计之初确定的核心策略——大部分建筑底层架空，将底层空间归还给自然和人。底层架空的设计为后续很多有趣的设计奠定了良好的基础，如田垄院子、空中庭院、入口廊桥等。

为延续基地原有的川西林盘院落的空间意象，主体建筑被拆分为 5 个小而独立的空间散落在场地中。原有的树木和 5 栋建筑围成各种形态的院子，并通过底层架空、首层抬高获得多个空中立体庭院。地面上拆分出的 4 个院子被巧妙地变成了 9 个，建筑师还将田垄、水田、种植池、树木等元素引入院中，在不同标高和形态的院子中营造出不同的空间体验。

5 个独立空间由一条坡道主轴和外部环廊串联在一起：靠内紧贴坡道和挑廊的外墙均为实墙；靠外能看见树林、稻田的外墙均为全落地玻璃，从而形成内实外虚、移步换景、私密独立的组合空间。

在乡村，很多公共建筑在后期都因存在着各种各样的经营问题而被闲置，甚至荒废，因此在展示中心的设计中，建筑师为建筑预设了更多的功能、运营、拆分上的可能性，确保它建成后能够"茁壮成长"，适应人们不断变化的需求。

青瓦、白墙、木头、长出檐、天井是川西民居中最常见的元素，建筑师将弧形坡屋顶和全落地玻璃的现代元素结合，成就了一个开敞通透、轻巧自如、朴素淡雅、田园诗歌式的场所。

▼ 拓展阅读

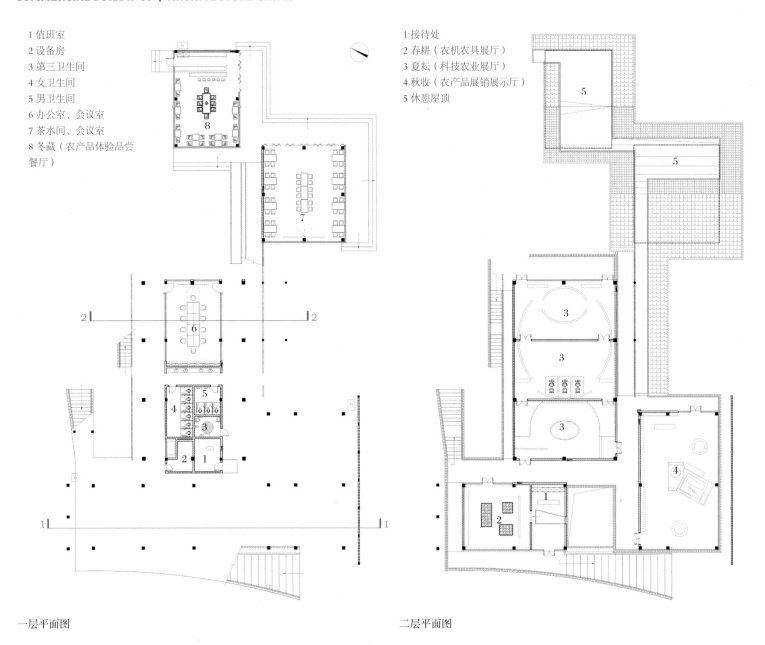

1 值班室
2 设备房
3 第三卫生间
4 女卫生间
5 男卫生间
6 办公室、会议室
7 茶水间、会议室
8 冬藏（农产品体验品尝餐厅）

1 接待处
2 春耕（农机农具展厅）
3 夏耘（科技农业展厅）
4 秋收（农产品展销展示厅）
5 休憩屋顶

一层平面图

二层平面图

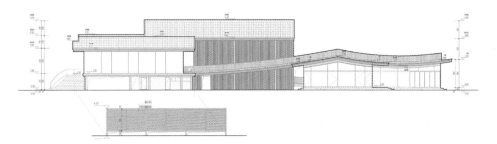

东立面图

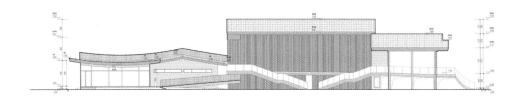

西立面图

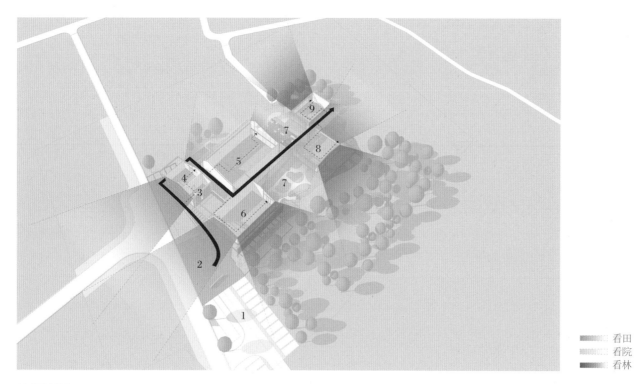

1 停车场
2 入口广场
3 接待厅
4 春耕展厅
5 夏耘展厅
6 秋收展厅
7 庭院
8 茶室、会议室
9 冬藏餐厅

看田
看院
看林

景观分析图

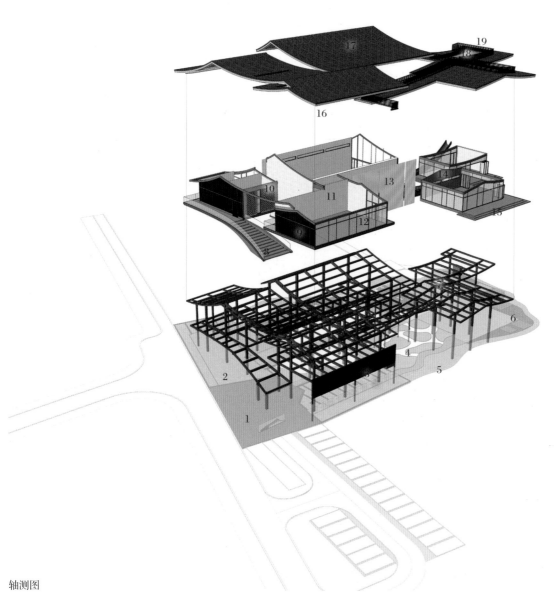

1 深灰色水洗石入口广场
2 黑色卵石铺底戏水池
3 小青瓦垒砌装饰墙体
4 白色卵石园路及种植池
5 景观水系及泄洪渠
6 草地及室外防腐木休憩平台
7 钢结构主体框架
8 金刚砂饰面入口楼梯
9 银色贴膜夹胶大板玻璃
10 多孔砖面饰黄色仿素土涂料
11 白色艺术涂料
12 普通夹胶大板玻璃
13 仿木铝合金格栅
14 小青砖装饰墙
15 金刚砂室外地坪
16 防腐木条拼贴装饰室外吊顶
17 小青瓦屋面
18 金刚砂休憩屋面
19 黑色氟碳钢方管护栏

轴测图

嘉兴南湖天地

▶ **设计公司：** 深圳市天华建筑设计有限公司、上海天华建筑设计有限公司

主创建筑师： 邢望、吴欣、陈郁、杨辛

项目地点： 浙江 , 嘉兴

完成时间： 2021 年

场地面积： 213 054 平方米

总建筑面积： 197 323.98 平方米

项目摄影： 10 Studio

总平面图

　　嘉兴南湖天地位于嘉兴市南湖湖滨片区，紧邻中共一大会址，拥有丰富的自然景观和历史人文景观。在尊重场地城市肌理、保留原有风貌的基础上，项目以保护、复建历史建筑为核心，打造集艺术品位、潮流时尚、旅游休闲为一体的体验式开放商业街区，赋予城市历史文化公共空间新的生机。

　　嘉兴南湖天地由"鸳湖里弄""嘉绢印象""南湖书院""南堰新景"四大组团构成，将历史传承与本地性融入现代建筑体系，打造漫步式先锋生活空间。"鸳湖里弄"以高端餐饮、特色酒店为主要业态，建筑围合成不同尺度的里弄、街巷与广场空间，以露天廊桥连接，形成丰富多变的空间体系；"嘉绢印象"将绢纺厂转化为综合购物中心，保留传统建筑形态，通过艺术空间、国潮品牌旗舰店、大型书店等功能植入，丰富了南湖天地的历史人文情怀；"南湖书院"围绕书院历史

建筑配置了研学体验馆、创新博物馆、湖滨剧场等文化空间，增强空间的互动性和体验性；"南堰新景"板块以景观为主要手法，点缀轻食餐吧、茶馆小亭等休闲娱乐空间，既是滨水公园的活力节点，也是手作市集等社群活动的重要场所。

　　新建商业的现代玻璃材质和嘉绢厂的传统砖木外立面在视觉上形成虚实的对照，丰富了建筑和环境的光影变幻，产生了有趣的古今对话，是嘉兴南湖天地的核心展示窗口。嘉绢厂的改造中保留了原有建筑独特的楔形屋顶，通过增设钢结构对原本的木桁架进行安全性加固，保证了斜面天窗的自然采光。"绢纱舞台"中庭空间运用水泥漆和白色涂料呼应了工业建筑的记忆，通过金属网和智能灯具打造出状若绢纱的轻盈灵动质感，延续历史记忆的同时增强了空间特色体验。

▼ 拓展阅读

嘉绢印象总平面图

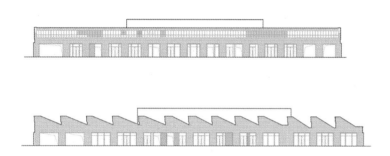

嘉绢印象立面图

南湖书院总平面图

南湖书院剖面图

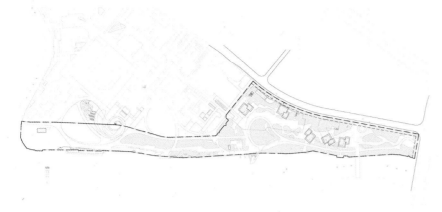

南堰新景总平面图

鸳湖里弄总平面图

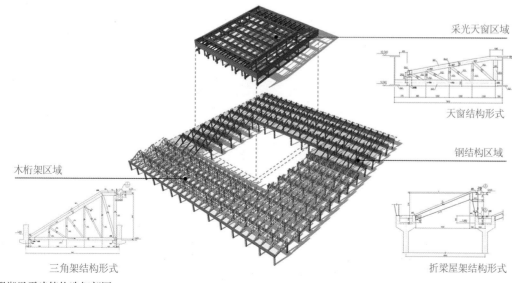

采光天窗区域

天窗结构形式

钢结构区域

木桁架区域

三角架结构形式

折梁屋架结构形式

鸳湖里弄建筑构造细部图

山中屋·屋中山
——大观原点乡村旅游综合示范区

▶**设计公司**：中国建筑设计研究院有限公司建筑一院
主创建筑师：景泉、黎靓、徐松月
泛光照明顾问：北京宁之境照明设计有限责任公司
景观合作设计：北京原筑景观规划设计有限公司
项目地点：重庆市
完成时间：2022 年
场地面积：113 145.48 平方米（园区总用地面积）
总建筑面积：23 545 平方米
项目摄影：徐松月、汪新

《春山游骑图》与模型场景

大观原点乡村旅游综合示范区是一次独特的乡村介入尝试。它不是一处功能单一的游客中心，而是复合的乡村文化综合体验场。山麓蜿蜒，山坡起伏，山丘很高，建筑师坚持不推山，不砍树，利用大地的每一寸隆起、山坡上的每一片翠绿，随山就势，使示范区建筑呈现立体叠加的效果。

顺着蜿蜒的山坡，访客的第一站是山麓市集。山麓市集是依托山麓间坐落的几栋老旧民房而设计的。在这里，不同人群之间的距离被拉近，人们不再只是相互观望，更有可能走近彼此，产生更深层次的交流。

穿插错落是传统巴渝建筑的基因。山麓市集退、错、挑、吊，陶瓦与小青瓦斑驳交错的屋檐低垂着，顺应地势，嵌入自然。建筑单元之间拉开缝隙，自然院落渗透其间，原生竹林和茶园梯田将建筑群紧紧包裹。

沿山麓市集往上，无名小山静静伫立，像一座自然的图腾。环形的瓦屋将山体拥入怀中，山顶的一丛野杉被精心保留，在晚风中婆娑起舞，沙沙作响。屋檐下的空间自由流动，大尺度的出檐创造了内、外两重视界，内含雾隐山林之清幽，外环群丘林海之浩渺——此为环秀山房。面向西侧的一隅，环秀山房以廊桥的姿态跳脱山坡，浮于半空。

大观原点乡村旅游综合示范区最大限度地保留了原生地形和自然植被，使原生生态环境得以延续，创造了独一无二的巴渝山地体验空间。山麓市集的熙熙攘攘，环秀山房的烟波浩渺，两相结合，顺自然之势，起承转合间，以期暗合东方山水画中的立体空间意趣。

▼ 拓展阅读

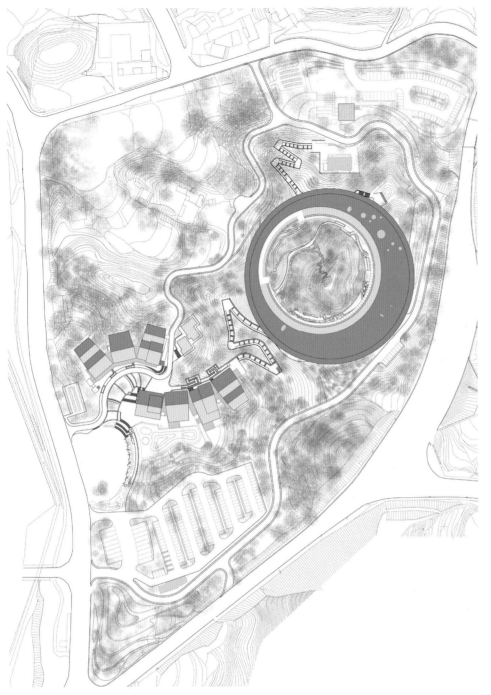

总平面图

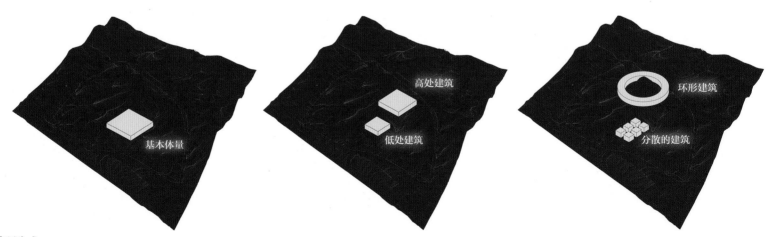

布局生成

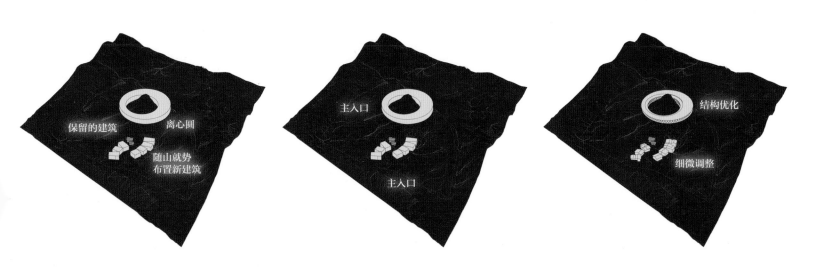

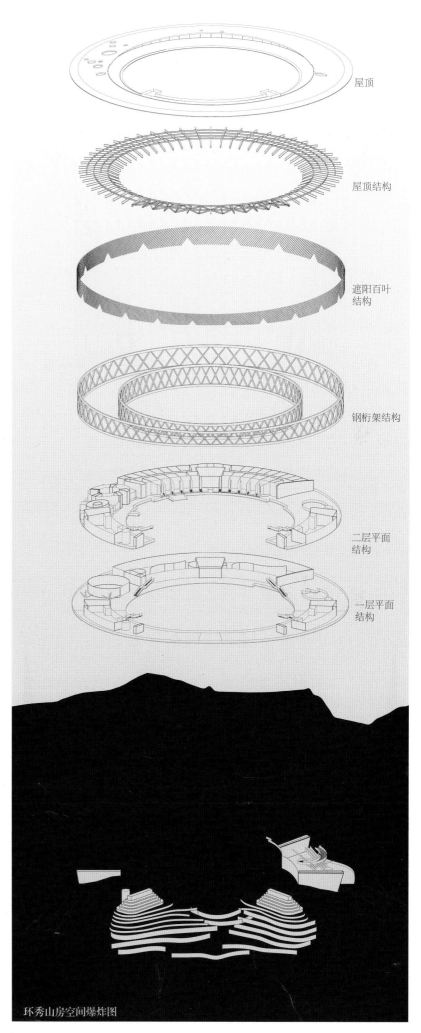

屋顶

屋顶结构

遮阳百叶
结构

钢桁架结构

二层平面
结构

一层平面
结构

环秀山房空间爆炸图

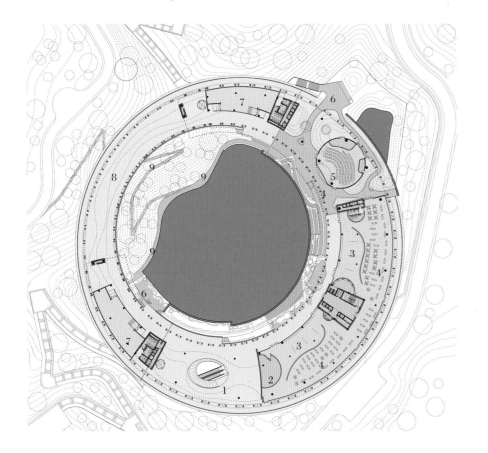

1 入口大厅
2 储藏室
3 展厅
4 餐厅
5 放映厅
6 户外广场
7 商业中心
8 景观长廊
9 山坡景观区

环秀山房首层平面图

1 瀑布
2 景观区
3 自行车停车场
4 广场1
5 广场2
6 茶叶种植区
7 游客中心
8 商业中心
9 户外平台
10 保留的老建筑

山麓市集二层平面图

环秀山房剖面图

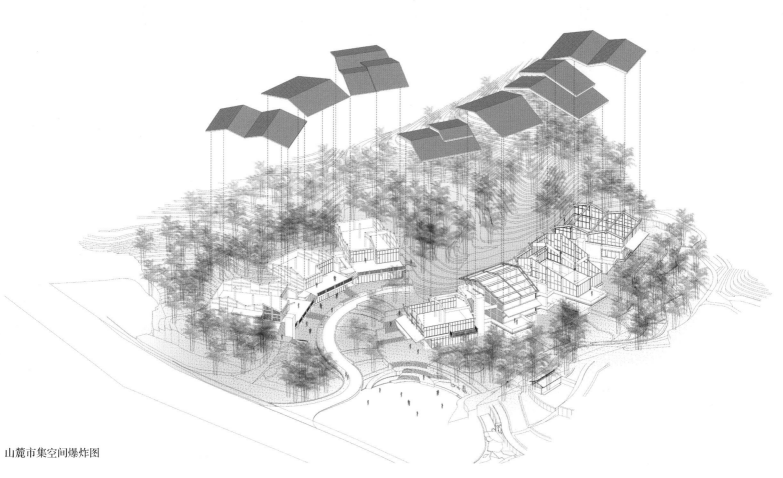

山麓市集空间爆炸图

住宅建筑

陆家嘴中信九庐

▶ **设计公司：**ARQ 建筑事务所（ARQUITECTONICA）

主创建筑师：本纳道·霍（Bernardo Fort）、朱立琦（Raymond Chu）

合作设计：上海建筑设计研究院有限公司

项目地点：上海

完成时间：2020 年

场地面积：50 117 平方米

总建筑面积：地上 118 590 平方米，地下 62 815 平方米

项目摄影：Blackstation

结构形式：剪力墙结构

主要用材：玻璃纤维增强混凝土、陶板

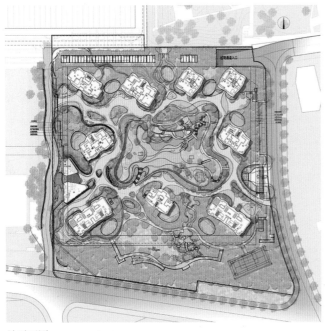

总平面图

本项目地处陆家嘴滨江金融中心，北侧直面黄浦江，是陆家嘴金融中心稀有的住宅用地，本项目的设计目标从以下两方面出发。

第一，项目地块是陆家嘴金融中心的组成部分，且处于黄浦江黄金区段，未来将是陆家嘴以及上海形象的一部分，因此该项目致力于提升城市印象；第二，项目处于陆家嘴核心地段，区位及景观优势得天独厚，不可复制，整个地块北侧空中将直面 180° 开阔的黄浦江壮阔景致，为陆家嘴核心区内数量有限的一线滨水居住用地。因此，项目本身定位于面向上海高端居住需求，从整体布局到房型设计，再到细节设计均反复推敲，力求完美。

依托项目用地拥有一线江景的滨水景观优势，方案的总平面布置在布局区域内，立足于将每座塔楼沿江景观资源最大化的设计目标，将建筑体量分解为 9 座高层住宅。所有拟建建筑物均沿基地建筑控制线的四周边界布置，形成内部围合庭院空间，同时使每座高层住宅的景观视角朝向最优化，并注重总图设计的规整性。

为了让每栋住宅楼都有江景，设计师对建筑朝向进行了深入研究。通过建筑物面向景观的偏转，以及建筑物之间的错动，达到最大的景观视线范围，减小建筑间的对视以及为满足规范对建筑朝向及间距要求而产生的阻碍。

住宅布置从北到南依次升高，住宅区内人车分流。地面人行道曲折有致，从住宅的架空处穿越而过，把各个住宅楼串联了起来，同时形成了连续的环状路。下层庭院丰富了空间组织，提升了建筑环境品质。整体设计打造出一个自然、安静、休闲、时尚的高品质社区。

▼ 拓展阅读

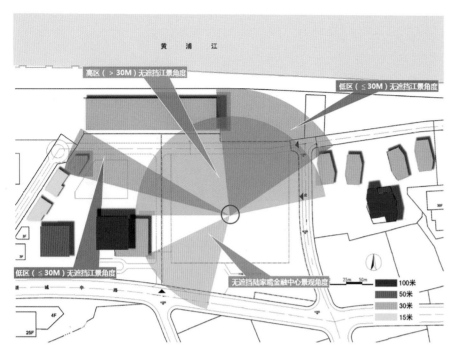

不同高程景观位置分析

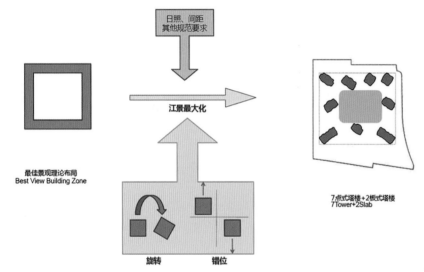

布局分析

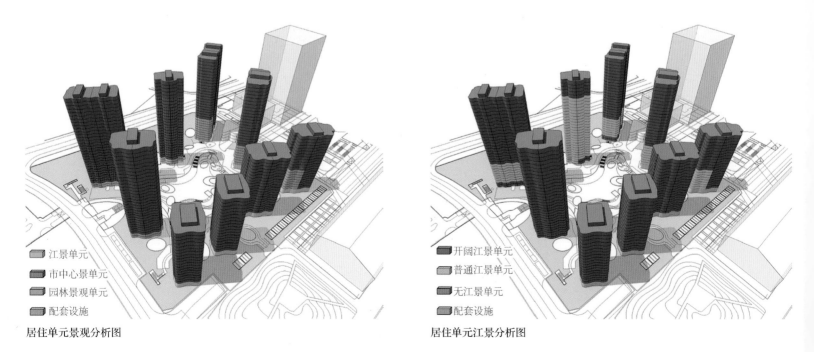

居住单元景观分析图

居住单元江景分析图

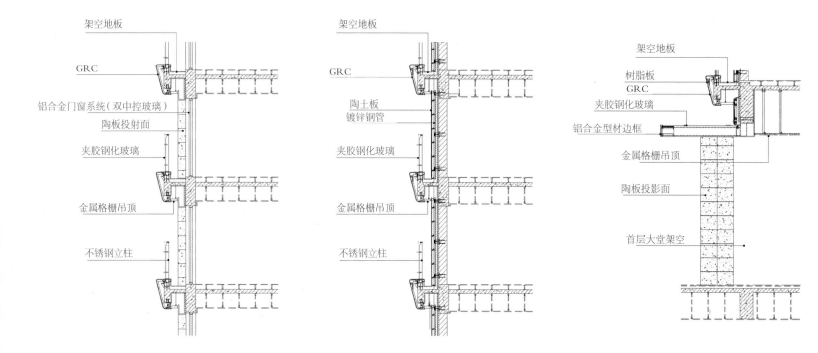

架空地板

GRC

铝合金门窗系统（双中控玻璃）

陶板投射面

夹胶钢化玻璃

金属格栅吊顶

不锈钢立柱

架空地板

GRC

陶土板

镀锌钢管

夹胶钢化玻璃

金属格栅吊顶

不锈钢立柱

架空地板

树脂板

GRC

夹胶钢化玻璃

铝合金型材边框

金属格栅吊顶

陶板投影面

首层大堂架空

九庐墙身节点图

秦皇岛海碧台二期

▶ **设计公司**：萨夫迪建筑师事务所
主创建筑师：萨夫迪
景观设计：WAA 事务所（二期）、SWA 景观设计事务所（一期）
项目地点：河北，秦皇岛
完成时间：二期在建
场地面积：194 000 平方米
总建筑面积：55 000 平方米
项目摄影：秦皇岛海碧台

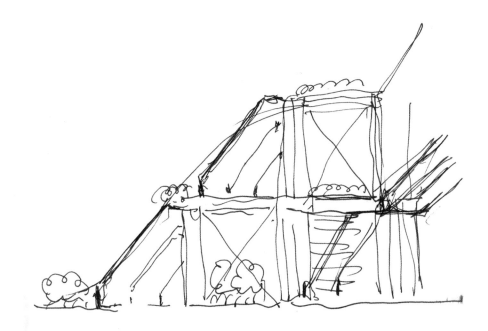

手绘概念草图

秦皇岛海碧台是摩西·萨夫迪"Habitat（海碧台）"住宅系列在中国海岸线上的一次成功实践。海碧台二期是在一期已建成的建筑主体上，向两侧各延伸一个 32 层的 L 形体块，形成一座总跨度 671 米的宏伟建筑，同时大幅度地拓展地面与空中花园的面积，连同独一无二的海景资源，提供一种非凡的居住体验。项目颠覆性地运用空中连廊、层层退台、楼体镂空等创新元素，营造了一种当代、开放、多元的城市、建筑与景观环境。

建筑师像搭建积木一样，设计了直线形的楼板结构，并使它们呈阶梯状排布，形成屋顶露台。由于这些板楼结构为垂直堆叠结构，桁架便可以从一栋板楼的核心跨越到另一栋的核心，形成约 36 米宽、50 米高的"都市之窗"。由此产生的建筑体量呈现多孔形态，使得海洋、城市与天空的景观

不受遮挡，令建筑内的住宅拥有开阔的视野。建筑体量上丰富的变化，也实现了住区内户型的丰富多样。从 106～435 平方米、从一居至四居，项目共有 200 余个不同的户型，可以接纳不同类型的住户，既适合日常居住，也可以用来度假、休闲，由此极大地丰富了海碧台的社区氛围。同时，这种建筑结构也优于传统高层项目，不会阻挡其他社区的景观视野，并确保了每单元均能最大限度地得到日照采光和景观视野。

该项目的巨大成功源于将传统的板楼结构进行竖向堆叠，这意味着传统的构建方式在这个项目中依然适用，管道、服务管理和垂直交通井的设置变得更加高效，而消防通道和安全避难线路同样合理实用。该项目的设计方案在地产开发方面成本是可控的，而所能提供的服务水平远远超过了同等密度的传统住宅建筑。

▼ 拓展阅读

楼梯
电梯
室内配套设施
社交花园
种植花园
私家花园

1 号楼平面图位置示意图

眺望区域

眺望区域

活动区域

眺望区域

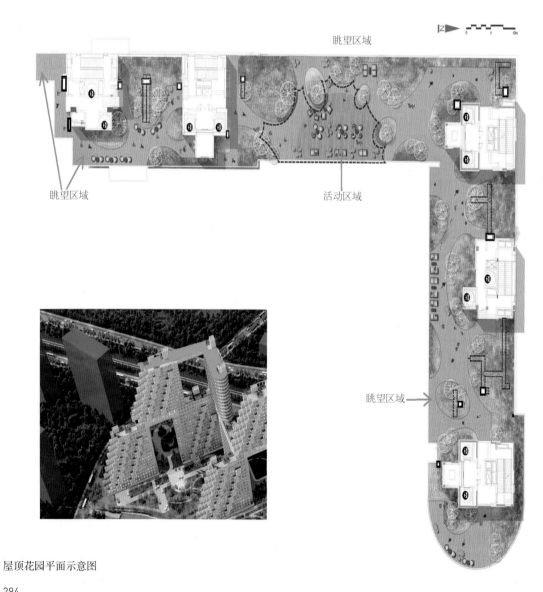

屋顶花园平面示意图

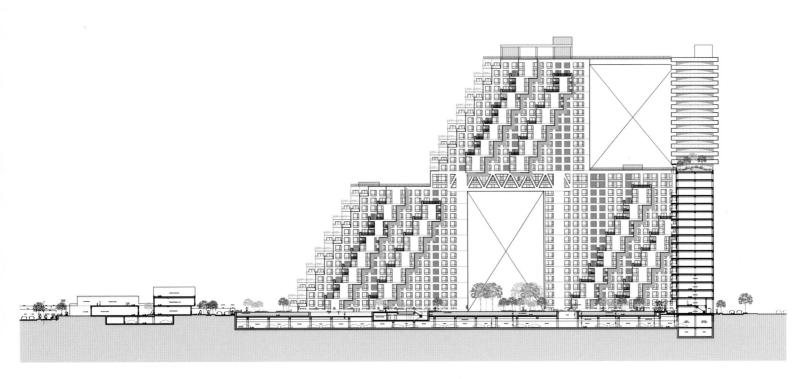

立面图

收藏者之家

▶ **设计公司：** Wutopia Lab
主创建筑师： 俞挺
深化设计： 上海三益建筑设计有限公司
项目地点： 上海
完成时间： 2020 年
总建筑面积： 139 平方米
庭院面积： 105 平方米
项目摄影： 清筑影像（CreatAR Images）

立面图

这座位于上海市中心的收藏者之家是业主送给妻子和女儿的礼物。它是一个小博物馆、图书馆，也可以当作会所，更是业主的私宅。从最初设想的会所或者微型美术馆，到私宅，再到最后展示藏品、社交会友和居住兼顾的建筑，项目经历的定位变化过程也是其生活变化的体现。这种不确定性到确定性是人生必然的历程，所以建筑师一开始就为项目设定了一个具有基本框架，但局部单元可灵活调整的建筑学剧本。

建筑师用一道连续的界面把建筑分成两部分，界面之前是生活空间，背后是服务空间。生活空间可以根据业主的需求调整。建筑师先把起居室设计成了一个综合图书和陈列的多功能空间，无论未来是起居室、藏品展厅还是图书馆，只要对家具和软装进行微调就可以了。被设计成图书室的起居室具有仪式感，四壁不着一物，但窗外即景。两侧黑色书架

展示业主的收藏品并限定了起居室的方向。搭升降梯可以从居室来到夹层，连接了竖向的交通。

夹层的主要空间是属于男主人的。这个有些暗的私人空间通过窗口联系着门厅、卧室和起居室。这种合理窥探的设置来自建筑师念念不忘的在索恩博士博物馆的体验。而女主人空间是界面背后的闺蜜室，这是一个有着闪闪发亮的星系的蓝色宇宙，每颗星都是用透明亚克力球定制的展品架。

庭院被看作是生活空间的延续。庭院以黑色火山岩铺装作为基色，以太湖石作为花坛的堆石，配合如龙蛇的紫藤和长势喜人的紫荆，因地制宜地打造了一个微型的黑色当代中式花园。

▼ 拓展阅读

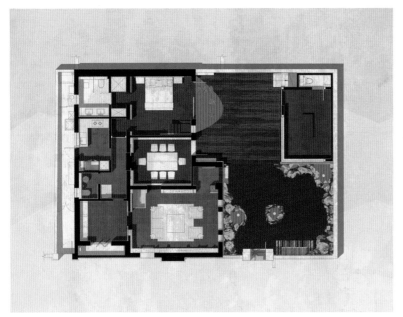

一层平面图

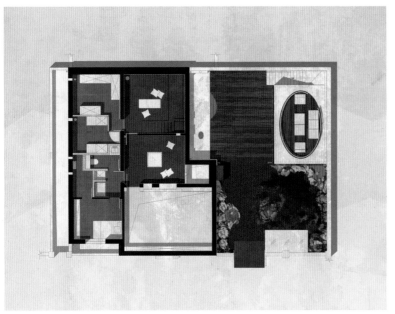

二层平面图

轴测图

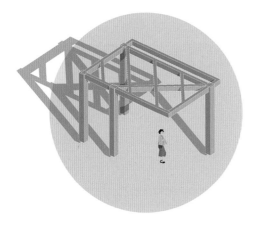 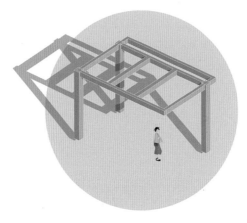 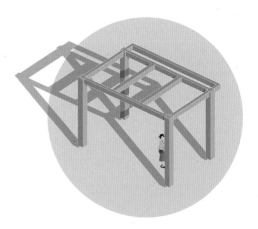

分析图

▶ 索引

图书在版编目（CIP）数据

建筑中国 / ARCHINA 建筑中国编 . — 桂林 : 广西师范大学出版社，
2022.5

ISBN 978-7-5598-4786-7

Ⅰ . ①建⋯ Ⅱ . ①A⋯ Ⅲ . ①建筑设计-作品集-中国-现代 Ⅳ .
① TU206

中国版本图书馆 CIP 数据核字 (2022) 第 048230 号

建筑中国

JIANZHU ZHONGGUO

责任编辑：冯晓旭

装帧设计：六　元

广西师范大学出版社出版发行

（广西桂林市五里店路 9 号　　　邮政编码：541004）

（网址：http://www.bbtpress.com）

出版人：黄轩庄

全国新华书店经销

销售热线：021-65200318　021-31260822-898

凸版艺彩（东莞）印刷有限公司

（东莞市望牛墩镇朱平沙科技三路　邮政编码：523000）

开本：635mm×1 016mm　　　1/8

印张：81.5　　　　　　　字数：320 千字

2022 年 5 月第 1 版　　　2022 年 5 月第 1 次印刷

定价：628.00 元（上、下册）